为女孩量身定做的成长书

女孩百科
完美女孩的习惯宝典
好习惯让灰姑娘变身完美公主！

彭凡 / 编著

化学工业出版社
北京

图书在版编目（CIP）数据

完美女孩的习惯宝典/彭凡编著.—北京：化学工业出版社，2020.7（2023.8重印）
（女孩百科）
ISBN 978-7-122-36957-4

Ⅰ.①完… Ⅱ.①彭… Ⅲ.①女性-习惯性-能力培养-青少年读物 Ⅳ.①B842.6-49

中国版本图书馆CIP数据核字（2020）第084295号

责任编辑：丁尚林　马羚玮　　　　　　　装帧设计：花朵朵图书工作室
责任校对：宋　玮

出版发行：化学工业出版社（北京市东城区青年湖南街13号　邮政编码100011）
印　　装：涿州市般润文化传播有限公司
710mm×1000mm　1/16　印张11　2023年8月北京第1版第3次印刷

购书咨询：010-64518888　　　　　　　　售后服务：010-64518899
网　　址：http://www.cip.com.cn
凡购买本书，如有缺损质量问题，本社销售中心负责调换。

定　　价：39.80元　　　　　　　　　　　　　　　　　　版权所有　违者必究

好习惯，
能为生活绘上精致的蓝图，
让自己朝着更远更高的方向飞去。
坏习惯，
只会让自己被框架束缚，
让轨迹不断偏离，
最后沉入无边的深渊。

请你翻开这本习惯宝典，
对照镜子里的自己，
看看自己的身体里住着哪些习惯。
明白什么需要坚持，
什么又该改变。

从一点一滴的小事做起，
从每一个小习惯开始修炼。
慢慢地，
我们将一步一步迈向美丽；
渐渐地，
我们会成就最棒的自己！

目录

第1章 健康好习惯，让你的身体时刻鲜活

你挑食吗？	2
不吃早餐没关系吗？	4
蔬菜是我的最爱	6
别和电视一起用餐啦！	8
零食还是少吃点	10
一天要喝多少水？	12
该洗手时就洗手	14
我是爱干净的女生	16
早睡早起身体棒	18
家务活也有我的份	20
动动脖子扭扭腰	22
每天多走一会儿	24
让人头疼的眼镜	26
我的牙齿健康吗？	28
怎样站和坐？	30
淑女的房间	32
我的发型怎么样？	34
我有我的爱好	36
要美，不要臭美	38

第2章　生活好习惯，让你向美丽一步步靠近

我该怎么打扮？	42
随时微微笑	44
记住别人的名字	46
不以貌取人	48
朋友，你今天好吗？	50
嗨，你好！	52
请叫我开心果	54
爱抱怨就不可爱啦！	56
别动不动就生气	58
我做到了吗？	60

我不是小气鬼	62
表情别那么严肃！	64
记住朋友的生日	66
先道歉没那么难	68
可怕的小报告	70
我是手机控吗？	72
可不可以不拖拉？	74
我不是小懒虫	76
一个人睡，不怕不怕啦！	78
谁说只有男生才勇敢？	80
拒绝丢三落四	82
我的人格魅力	84

目录

第3章 文明好习惯，让你倍添魅力

别再浪费啦！	88
水龙头拧紧了吗？	90
你关灯了吗？	92
拾金不昧好样的	94
哭泣的公用电话	96
别摘我，我怕疼！	98
它是我的朋友	100
垃圾很委屈	102

请小声一点儿	104
请尊敬老人	106
姐姐怎么当？	108
请不要插队！	110
站一会儿吧！	112
别乱动别人的东西哦！	114
我的特制草稿本	116
我是省钱达人	118

第4章　学习好习惯，让你学习更轻松

明天不会来	122
小手举起来	124
我怎么那么多问题？	126
自己都认不出的课堂笔记	128
作业完成了吗？	130
知识真是无处不在	132
和书做朋友	134
去图书馆吧！	136
我的梦想是……	138
写一手漂亮的字	140
网络很可怕吗？	142

第5章　语言好习惯，让大家都喜欢你

每一句话都应该礼貌　　146
把爱说出来　　148
我的标准普通话　　150
我口齿清晰吗？　　152
告别啰唆　　154
说话不要只说一半啦！　　156
不要习惯性说谎　　158
我是插嘴女王吗？　　160
把"谢谢"挂嘴边　　162
倾听很重要　　164
我不是毒舌妹　　166

第 1 章

健康好习惯

让你的身体时刻鲜活

你挑食吗？

"比起清淡的蔬菜，我更喜欢吃香喷喷的红烧肉。"

"我爱吃各种各样的零食，讨厌没滋味的白米饭。"

"如果妈妈每天做可乐鸡翅给我吃，那该多幸福啊！"

你是不是一个挑食的女生呢？你是不是对某些食物特别钟爱，而对另一些食物存在很大的偏见呢？

正在成长的身体需要各种营养，而这些营养大部分靠食物补给。每一种食物中所含的营养都不一样，如果我们对食物偏心，导致摄入的营养不均衡，就无法拥有健康的身体哦！

既不想瘦得像树枝，也不想胖得像小猪，更不想老是生病；想拥有健康的体魄、一头乌黑亮丽的头发和白里透红的脸庞，没有别的绝招，不挑食就是最好的方法。

人体内每天都需要摄入糖分、蛋白质、脂肪、维生素等营养物质，这些营养成分分别藏在哪些食物中呢？

糖分：糖类、谷类、豆类、根茎类食物。

蛋白质：瘦肉、鱼、奶、蛋、豆类、谷类等食物。

脂肪：植物油、动物油、蛋黄、豆类、坚果类等食物。

维生素：动物肝脏、枣类、蔬菜、水果等食物。

合理的进食

少吃零食，多吃饭。
各种素菜、荤菜和水果搭配着吃。
一日三餐不可少。

不吃早餐没关系吗？

"妈妈，来不及了，我不吃早餐啦！"

"嘴巴里涩涩的，实在没胃口，不想吃早餐。"

"如果我少吃一顿早餐，就能多消耗一些脂肪，离苗条的身材就不远啦！"

好吧！因为各种各样的理由，我们拒绝了早餐。不吃早餐真的没关系吗？我们会不会发生下面这些状况呢？

没吃早餐的你走在路上，发现脑袋晕晕的，身体特别沉。

上午上课，总是提不起精神来，甚至没有心思去听老师讲课。

明明什么也没做，可是总觉得好累好累哦！

只是没有吃早餐，搞得自己好疲惫啊！

没吃早餐我们就会遇到以上麻烦哦！你知道这其中的原因吗？那是因为每天夜晚我们即使在睡觉，根本没运动，也会消耗很多能量。如果早上不补给营养，增加能量，就会像电量不足的机器人一样没精神啦！

那么，从今天开始，每天早起十分钟，轻松愉悦地享受完早餐，再开开心心地去上学吧！

我的营养早餐表

（可以根据自己的喜好，进行混搭哦！）

星期一： 一杯牛奶+一个荷包蛋+两片面包

星期二： 一杯鲜榨果汁+一个三明治

星期三： 一杯豆浆+两个肉包

星期四： 一杯牛奶+一个苹果+几块饼干

星期五： 一小碗八宝粥+一个馒头

星期六： 一杯酸奶+一个蛋饼+一根香蕉

星期天： 一碗鸡蛋汤+一碗白米饭+一碟小菜

早餐小贴士

- 请在起床20分钟后再吃早餐；
- 7点之后再吃早餐比较好；
- 不要因为赶时间就吃得太快；
- 零食不能代替早餐哦！

蔬菜是我的最爱

小时候,王恩恩真的不喜欢吃蔬菜。因为这样,她看起来比同龄的孩子瘦小,头发又稀又黄,爸爸妈妈都很为她焦心。

王恩恩也很苦恼,她说:"我也很想多吃一些蔬菜,可是我真的很讨厌蔬菜的泥腥味,怎么都咽不下去。"

比起又香又脆的炸鸡腿,又甜又软的蛋糕,蔬菜实在算不上美味。它要么带点苦味和酸味,要么干脆没味道,实在很难让人喜爱。

不过,你要是了解了它的好处,一定会愿意尝试尝试哦!

蔬菜就像一个营养大宝库!

- 蔬菜中含有丰富的维生素,在人体的生长、代谢和发育中发挥重要作用。
- 蔬菜中含有钙、铁、铜等矿物质,有利于骨骼发育。
- 蔬菜是纤维素的重要来源,而纤维素能促进胃肠蠕动,防止便秘。
- 多吃蔬菜还能帮身体补钙,有利于牙齿健康哦!

别和电视一起用餐啦!

"恩恩,关掉电视,吃饭喽!"

吃晚饭时,动画片正演到最精彩的地方。王恩恩实在不想错过,就快速盛好米饭、夹好菜,守在电视机前,一边看电视,一边吃饭。

"恩恩,吃饭时不要看电视!"妈妈又吼上了。

王恩恩实在想不明白,吃饭时为什么不能看电视呢?即使看着电视,还是可以好好吃饭,一点儿也不会耽误呀!

恩恩,你已经吃了三大碗啦,不能再吃啦!

那么，我们就来细数一下边吃饭边看电视的坏处吧！

边吃饭边看电视的坏处

第一，很容易影响食欲。

我们容易被电视吸引，从而忽视食物的味道，使食欲因受到电视的影响而降低，甚至消失，久而久之就会营养不良啦！

第二，影响营养的吸收。

边看电视边吃饭，一心二用，消化器官的活动会受到影响，就会吃不好饭，也看不好电视，时间长了，还会出现头晕、眼花的状况。

第三，容易导致肥胖。

电视节目太精彩，让我们忘记吃了多少食物，有时候连饱了也不知道，还在继续吃。这样一来，脂肪就会越积越多，不知不觉就长胖啦！

那么，吃饭的时候请关掉电视，专心吃饭吧！吃完饭后，也要多走动走动，等半个小时后才能打开电视哦！

零食还是少吃点

一下课,王恩恩就跑到小卖部买零食吃,什么豆干、薯片、糖果、冰激凌、话梅以及各种辣味食品全是她的最爱。

不止这些哦!放学后,学校门口摆满了小吃摊,臭豆腐、卤菜、烧烤等应有尽有,串在一起散发出浓浓的香味,王恩恩更是抵挡不住,也会拉上同学买上一些。

妈妈常对王恩恩说:"零食没有多少营养,外面的路边摊很不卫生,我们尽量不要吃。"

啊,虫牙!

"可是零食实在太诱人啦,我实在控制不住呀!"

你是不是也和王恩恩一样,有这样的烦恼呢?零食时刻刺激着味蕾,有着不可抵挡的诱惑力。但是,零食满足了嘴巴,却对我们的身体有很大伤害。

零食，你对我的身体做了什么？

● **蛀牙的帮凶**

经常吃零食，又不及时漱口，细菌停留在口腔内，损坏了牙齿。蛀牙一颗颗多起来，疼起来真要命呀！

● **让我们讨厌正餐**

零食吃多了，就对正餐失去了兴趣，一日三餐都不能好好吃。营养跟不上，身体也越来越差啦！

● **让我们生病的罪魁祸首**

街边的许多零食很不卫生，经常吃的话很容易拉肚子，甚至患上传染病哦！

哇！原来零食这么可怕，看来还是少吃为妙！为了戒掉零食，我们可以用水果、坚果、枣类等食物来代替，它们也同样美味，一点儿也不输给那些没多少营养的零食哦！

一天要喝多少水？

瞧！ 今天你喝水了吗？喝了多少水？

水是生命之源。人体一切的生命活动都离不开水。喝水并不仅仅是为了解渴，人的身体需要很多很多水，在不渴的情况下也得多喝水。

水没有颜色，也没有味道，比起各种饮料、果汁实在差远了。可是，水中含有钙、铁、硫等丰富的矿物质，是人体内营养补给的重要来源。从这方面来说，水可算得上是最棒的饮料啦！不仅如此，它还是人体的清洁工哦，能让我们的体内保持清洁和通畅。

那么，我们每天需要喝多少水呢？一般情况下，我们每天要喝6~8杯（每杯大约200毫升）新鲜的水哦，这样才能保证我们的身体时刻不缺水。

喝水三大误区

● **饮料代替水**

可乐、雪碧等碳酸饮料,以及各种果汁饮料,不仅没什么营养,还含有很高的糖分和热量,它们可是让我们变胖的超级凶手。

● **渴了才喝水**

很多人一定要到口干舌燥时,才想到要喝水。其实,口渴是身体发出的警报,提醒你身体已经开始脱水。比起着火了再去救火,提前预防是不是更好一些呢?

● **一次性喝足8杯水**

水喝得太猛太足,不仅不利于吸收,还容易导致体内盐分过度流失,甚至出现头昏眼花、虚弱无力的症状哦!所以,隔一段时间喝一杯水最好哦!

友情贴士:

大部分水果、蔬菜中90%是水,鸡蛋、鱼类等也含有大量水,多吃这些食物,也可以为身体补充水分哦!

该洗手时就洗手

"哇！我最喜欢吃的红烧鱼、酸辣笋尖、辣子鸡。"

晚餐开始前，王恩恩馋得直咽口水，忍不住伸出两根手指，伸向辣子鸡……

突然，一只手重重地拍在了王恩恩的手背上："你个小馋猫，快去洗手！"

"真麻烦！"王恩恩嘟哝了一句，悻悻地走进了洗手间，洗手去了。

饭前要洗手，饭后要洗手，上完厕所要洗手，就连玩耍后也要洗手，好讨厌啦！我的手看起来很干净呀，为什么要不停地洗手呢？

指甲里没有脏东西，手掌上也没有污渍，是不是代表手很干净呢？实

际上并不是这样哦!

每天,我们的手会接触很多东西,桌椅、课本、玩具……它们的表面沾有许多灰尘和细菌,这些脏东西会转移到我们的手上,由于它们实在是太微小了,我们用肉眼根本看不见,就误以为手一点儿也不脏。

据说,我们的一只手上可以黏附40多万个细菌,当我们吃东西时,细菌如果通过手传进口腔里,使健康的身体受到侵袭,那将多么恐怖啊!

即使手看起来不脏,也要勤洗手哦!这样才能拥有一个健康的身体。

洗手可是技术活儿!

洗手可不是简单地洗洗擦擦而已。洗手时,应该打上香皂或洗手液,均匀涂抹,搓出泡沫来,反复搓揉30秒以上。接着,用流动的自来水冲洗两三遍,直至手上不再有肥皂泡沫为止。如果触摸过很脏的东西,至少要多搓揉几遍哦!

我是爱干净的女生

苏幼美是班上的万人迷,不管是男生还是女生,都乐意和她亲近。究竟是什么原因让苏幼美拥有这样大的魅力呢?让我们来听听她的同桌金婉儿的形容吧!

"幼美的皮肤光洁无瑕,乌亮的头发散发着淡淡的清香,身上的校服干净整洁,每天和她坐在一起,我的心情都很愉快!"

作为女孩,如果能随时保持干净清爽的样子,浑身上下一点儿也不脏乱,当然会散发清新的气息,给身边的人留下一个好印象啦!这样的女孩自然最受欢迎。

相反，那些不讲究个人卫生、外表邋里邋遢的女生，只会让大家敬而远之。不仅如此，不爱干净的女生还容易感染病菌，不利于身体健康哦。

为了健康，为了成为受欢迎的女孩，我们要养成良好的卫生习惯，让自己保持干净整洁哦！

爱干净的女生这样做

- 勤洗澡，夏天一天一次，冬天至少三天一次。
- 勤洗头，最好两天洗一次。
- 每天更换内衣、内裤和袜子，避免身体上的细菌在衣服里滋生。
- 饭前饭后、去洗手间后一定要洗手。
- 早晚刷牙。
- 指甲不要留太长，保持指甲清洁。
- 衣着整洁干净。

早睡早起身体棒

"半夜十一点了,丝毫没有睡意,不如再看一会儿书,或者再看一集动画片吧!"

时间一点点过去,不知不觉到了凌晨。"赶紧睡觉,明天还要上课呢!"于是急急忙忙钻进被窝。

"糟糕!大脑一直处于兴奋状态,似乎还不想休息。感觉很困,却睡不着,看来今晚又失眠了!"

第二天早上,闹钟响了,头好重哦,实在起不来。关掉闹钟再睡一会儿吧!一分钟、两分钟、三分钟……"天呀!明明只眯了一会儿,怎么过去了半个小时?"

接着,我们冒着迟到的危险,拖着疲劳的身体,顶着黑眼圈上学去啦!

晚上不想睡,早上不想起。可怕的循环一天接一天,真的好痛苦呀!

这种情况下,我

们应该赶快调整自己的生物钟，让自己的睡眠正常，这样我们才有充足的精力去面对每天的学习和生活啊！

 ### 养成良好的作息习惯：

1.固定时间睡觉和起床

每天按照固定的时间睡觉和起床。最好在晚上10点前睡觉，早上7点前起床，即使是周末也不例外哦！不要因为周末的放松而打乱作息。

2.做好睡前准备

睡觉前不要做剧烈运动，也不要观看画面耀眼的电视，不要听声音嘈杂的音乐，以免让大脑持续亢奋，很难入睡！

3.起床时不要赖床

早上闹钟一响，就立刻起床。千万不要给自己多睡一会儿的机会，因为越是拖沓，越是起不来，反而让自己更累哦！

家务活也有我的份

星期天，妈妈说好带恩恩去逛百货商场，可是都快到中午了，妈妈还在忙，根本没有要出门的意思。

王恩恩有些不耐烦了，只好坐在沙发上生闷气。这时，她透过厨房的玻璃门，看见妈妈弯腰忙碌的身影，心里很不是滋味，心想：妈妈做好早饭，又得收拾碗筷，还要洗衣服，现在又在打扫厨房，真的很辛苦呀！如果我能帮妈妈干点儿活，她就不用这样辛苦啦！

王恩恩说干就干，她跑过去，抢过妈妈手中的拖把，说："妈妈，你先坐着休息一下吧，接下来的活儿交给我好了。"

如果我们每天能帮妈妈干一点儿活儿，妈妈就可以少辛苦一点，就可以多出一些时间做她想做的事啦！

不仅如此，做家务也是一种运动，还可以达到锻炼身体的目的哦！

我们可以做哪些家务活？

晾衣服

洗碗
扫地
擦桌子
倒垃圾

整理鞋柜
洗袜子

浇花

动动脖子扭扭腰

左三圈，右三圈，

脖子扭扭，屁股扭扭，

早睡早起，咱们来做运动。

抖抖手呀，抖抖脚呀，勤做深呼吸，

学爷爷唱唱跳跳，我也不会老。

——《健康歌》

做运动不仅能让我们活力十足，还能让我们保持苗条的身材哦！减掉多余的肉肉，我们就不会被同学笑话，也不用嫉妒身材很棒的女生啦！

运动一定要坚持哦！我们每天都来做运动，就会越来越健康，大病小病都会躲得远远的，学习、玩耍都特别有精神哦！

我们可以做哪些运动呢？

● 简单的跑步运动

清早起来，换上轻便的衣服，绕着小区慢跑两圈吧！这样一来，一整天都会神清气爽、精力充沛哦！

● 有趣的球类运动

邀上三五个伙伴，一起去打乒乓球、羽毛球、排球、网球……在锻炼身体的同时，让身心都愉悦起来吧！

● 偶尔去爬山吧！

隔一段时间，邀上爸爸妈妈一起去爬山吧！爬山虽然会很辛苦，但当我们看到大自然美丽的风景时，心情就会格外的好哦！

注意啦！

每次运动30分钟就要休息哦！超负荷的运动不仅达不到锻炼身体的作用，还会让我们越来越疲惫哦！

做完运动不要喝凉水，也不要马上坐下。慢慢走一会儿，等个10分钟再喝一杯温水，感觉会很棒哦！

完美女孩 的 习惯 宝典
GOOD HABITS

每天多走一会儿

如今，交通工具实在太多了，近一点儿可以骑自行车，远一点儿坐公交、坐出租车，更远一些坐火车、搭飞机。

身边有这么多代步工具，是不是不管多近都不需要再走路呢？

可是，如果我们总是不走路，两条腿会不会感觉被主人忽略，从而产生罢工的念头呢？渐渐地，我们的身体会不会越来越娇弱，但凡要走一点儿路，就感觉很吃力呢？

才走一会儿就好累哦！感觉自己像个老人家！

别冤枉老人家哦，老人家常常跑步，可精神着呢！

为了避免这种情况发生,我们还是应该多走一走。随着走路的节奏,身体的每一块肌肉都会苏醒过来,都在运动,我们的身体也会变得越来越灵活哦!这和机器运动的道理是一样的,机器不也是越常运转,越不容易生锈吗?

每天走一走吧!

- 如果不赶时间,不远的地方就走着去吧!不管是公交车、自行车,还是出租车,都不如"11"路车方便呢!
（PS:两条腿看上去就像是"11"这个数字啦,俗称"11"路车。）

- 走路时要抬头挺胸哦!经常躬着背、低着头走路,很容易影响骨头的生长方向,变成驼背老奶奶哦!

让人头疼的眼镜

王恩恩班上有34个同学,竟然有一半以上的同学戴眼镜呢,这真是太不可思议啦!

戴上眼镜,看起来一副有学问很不错的样子,但实际上很痛苦呢!怎么个痛苦法呢?去问问戴眼镜的同学就知道了。

"眼镜戴久了,脑袋昏昏沉沉的,感觉头都要炸开了,真难受!"

"我的鼻子本来很挺,自从戴了眼镜,感觉鼻子都被压扁了!"

"以前大家都说我很可爱,自从戴了眼镜,我可爱的气质全都被遮盖了!"

瞧！戴眼镜原来给他们带来这么多困扰呀！如果我们能保护好自己的眼睛，就不会出现这些问题了。

如果你还没戴眼镜，如果你是假性近视，请赶快行动起来，保护眼睛，和讨厌的近视说再见吧！

第一步　保持正确的坐姿。不要弯腰驼背，不要趴着做功课。

第二步　看书距离要适中。眼睛不要离书本太近，也不要躺在床上看书，更不要在车上或走路时看书。

第三步　多到户外走一走。经常眺望远方，多接触青山绿水，有益于眼睛的健康。

第四步　保持眼睛卫生。不要用手指揉眼，也不要用不干净的毛巾擦眼睛。

第五步　经常做眼保健操。多转动眼珠，时常眨眨眼，揉一揉眼窝和鼻梁间。

我的牙齿健康吗?

周雨婷有着长长的头发、大大的眼睛,还有两个小酒窝,是一个很可爱的女生。可是,她只要一开口说话,大家就会忍不住笑起来,这让周雨婷很尴尬。

这究竟是怎么回事呢?

事情还得从周雨婷小时候说起:周雨婷小时候很喜欢吃糖,又不爱刷牙,不管妈妈怎么劝,她就是不听。渐渐地,她的牙齿一颗颗坏掉了,不仅白牙被细菌啃了一个又一个的大窟窿,就连门牙也变得黄黄的。

一个漂亮的女孩子,却拥有一口又黄又不整齐的牙齿,这多让人沮丧啊!不仅如此,一旦有了蛀牙,还会经常牙痛哦!牙痛不是病,痛起来可是真要命呀!

所以,从现在开始,保护好自己的牙齿吧!不要让蛀牙细菌有机可乘哦!

保护牙齿有妙招：

● 每天要刷两次牙。早一次，晚一次，每次刷牙时间不少于2分钟，要把每个牙面、牙缝、舌头上的细菌通通消灭。

● 饭后要漱口。吃完饭、零食等，要及时漱口，不要让菜渣等残留在牙缝里哦！

● 每半年做一次牙齿的全面检查。有问题及时解决，防患于未然。

● 尽量不要吃刺激性太强的食物。辛辣、冰凉的食物会刺激牙龈，让你的牙齿变得越来越脆弱哦！

正确的刷牙方法：

①上牙从上往下刷

②下牙从下往上刷

③上后牙从上往下刷

④下后牙从下往上刷

⑤咬合面要来回刷

怎样站和坐？

"瞧！她站在那里像不像一个蔫了的茄子？"

"你干吗像触电一样，一直不停地抖呢？"

站着时躬着背，坐着时不停地抖腿，使身体保持最舒服的状态，是不是很轻松自在呢？

可是要注意啦，如果我们老是躬腰驼背，看起来一副没精打采的样子，不仅给别人留下不好的印象，还直接影响自己的身心健康哦！随着年龄的增长，我们的脊柱可能变得越来越弯曲，等到没有弹性的时候，弯曲的形状就再难改变啦！

相反，如果拥有挺拔的身姿，能让我们看起来很有朝气，不管长到多少岁，都会给人以健康、向上的印象哦！

所以，从现在开始，我们就得端正自己的站姿和坐姿哦！

正确的站姿

两眼平视前方，抬头挺胸，两腿直立。

正确的坐姿

臀部坐在椅子中间，大腿并拢，小腿自然下垂，直腰挺胸。

读书姿势

书稍微斜立，坐正，眼离书本五个拳头远。

书写姿势

坐正，头稍向前倾，前胸与桌沿保持一拳距离，眼睛和笔尖距离大约为五个拳头远。

养成良好的习惯可不是一朝一夕的事，要持之以恒才能收到明显的效果哦！千万不要想起来就约束一下自己，过一会儿又抛到脑后。一定要时刻约束自己，提醒自己"站有站相，坐有坐相"，一刻也不能松懈哦！

淑女的房间

王恩恩的头发、脸庞、双手都很干净，穿着也很整洁，大家都夸她是爱干净的小淑女。可是，有一天，大家一起去王恩恩家做客，走进她的房间却大跌眼镜——

被子皱巴巴地摊在床上，衣服胡乱地塞在柜子里，纸团、零食包装袋扔了一地，书本、文具随意散在书桌上……

"这哪里是一个淑女的房间呀，分明是一个小小的垃圾站嘛！"

大家都忍不住哈哈大笑起来。

嘲笑声中，王恩恩尴尬极了，心想：唉！这下我的光辉形象全毁了。

自己打扮得漂漂亮亮、干干净净，却一点儿也不关心自己的房间。我们每天和它在一起，那么亲密，怎么能只顾自己，而忽视这位好朋友呢？这样做，真是太不讲义气了。

那么，从现在开始，好好整理我们的房间吧！下次大家再来参观时，一定要让他们眼前一亮："哇！你的房间好整洁、好温馨啊！"

开始整理房间吧！

● **房间的物品各归各处。**

> 衣服叠整齐放在衣柜里，被子叠成方块放在床头，学习用品整齐地摆在桌上，垃圾放进垃圾篓中。把用完的物品放回原处，这样就不会显得房间很凌乱了。

● **每天花三分钟简单清洁。**

> 每天早上或晚上拖一次地，减少房间灰尘；每天定时清理垃圾，防止房间产生异味。

● **每周大扫除一次。**

> 扫地、拖地、擦桌子、擦窗户、整理物品通通做一次，让房间焕然一新。

整理房间的活儿并不难，尽量不要让妈妈代劳哦！自己的房间自己整理，会更有成就感哦！

我的发型怎么样？

"瞧！她的发型像不像贵宾犬？"

"看她那一头黄毛，不注意看，我还以为是外国人呢！"

走在大街上，我们总能看到各种各样、奇形怪状的发型，真是让人眼花缭乱啦！有时候，你会不会有这样的想法：好想快点长大呀，这样我就可以离开爸爸妈妈的管束，拥有一个个性十足的发型啦！

更有冲动的女孩子，偷偷跑到理发店，或弄一个可爱的公主卷发，或染一点儿闪亮的颜色，要不是爸爸妈妈管东管西，要不是学校常检查，恨不得再弄夸张一点儿。

一个独具个性的女孩从来不只靠外在的修饰去吸引别人的眼球。奇特的发型只能换来一时的新鲜和惊诧，提高个人修养和内涵才是美丽的保障。

头发的抗议

我不要染色
不要给我染那些奇怪的颜色，这会让我变得越来越干枯，越来越没有光泽。

我喜欢自然美
可爱的自然卷，柔顺的直发，都很好看。请尊重我原本的样子，对我来说"整容"简直就是毁容嘛！

我喜欢干净清爽
请定时清洗我，我不欢迎头皮屑，也不想变得臭烘烘的。

我有我的爱好

"我经常看书,所以我写起作文来总是如鱼得水。"

"我喜欢打羽毛球,所以我的反应特别灵敏,而且从来不生病。"

"我是昆虫爱好者,我经常拿着放大镜观察各种昆虫,所以我的观察力特别强,而且做任何事都特别细心。"

拥有一样或几样爱好,并长期坚持下去,不仅收获了快乐,让自己的生活变得充实,变得丰富多彩,还能让自己在不知不觉中具备某些可贵的能力哦!

找到自己的爱好,把爱好当成习惯,用心去浇灌,我们的世界会变得更加丰富多彩!

爱好不应该被强制，而是兴趣所致哦！

"我没有爱好，随便选一样学一学吧！"

如果拥有这样的念头，赶紧打消掉。因为如果你对一件事没有兴趣，就无法全身心地投入，更无法学好。这不仅耽误了宝贵的时间，还有可能让你陷入痛苦之中。

如果现在还没有特别的爱好，不要着急，用一颗平常心去寻找自己喜欢的事情。等找到了，再去学习，去努力，去享受吧！

坚持，坚持，坚持！

拥有了爱好，一定要持之以恒哦！千万不要今天喜欢这个，明天又想学那个，这样下去，既浪费了时间，又什么都学不好。

要美，不要臭美

每一个能反光的物体都能成为镜子。

周末出去玩，出门前会花上一个小时甚至更长的时间来打扮。

上课上到一半，会情不自禁地拿出小镜子照一照。

很在意别人评价你的外表。

有些看不惯班上比较漂亮的女生。

当你有以上任何一条症状时，说明你已经离臭美不远了。一个爱臭美的女孩，未必会让人觉得她真的很美，反而会给人过度自恋的感觉。

而真正美的女孩不用刻意做任何事，也能自然而然地由内散发美的气质，得到别人的赞许和喜爱。

- 心地善良，富有爱心；
- 懂得充实自己，提高自己的能力；
- 充满自信，但并不骄傲；
- 关爱和包容身边的人；
- 穿着大方得体；
- 乐观，常常露出灿烂的笑容。

比起爱臭美的女孩，
　　内心美丽的女孩更讨人喜欢哦！

第 2 章

生活好习惯

让你向美丽一步步靠近

我该怎么打扮？

星期天，和伙伴们一起去逛街。打开衣柜，里面的衣服琳琅满目，却不知道穿什么好。

"穿鲜艳一点儿吧，显得活力十足。"

"还是穿可爱一点，正符合我的年龄。"

"不行，不行，还是穿朴素一点，比较有亲和力。"

犹豫了老半天，床上、地板上、椅子上到处扔满了衣服，仍然找不到一件合适的，真苦恼呀！

爱打扮是女孩的天性，每个女孩都希望像公主一样，打扮得漂漂亮亮，让周围的人眼前一亮。可是，如果不了解自己，也不懂得搭配，只是随意将亮眼的服饰、饰品堆砌在身上，不但达不到让人称美的目的，还可能适得其反哦！

其实，我们完全没有必要刻意去打扮，只要舒适得体，适合自己，自然就是最好的。不仅如此，青春和朝气就是我们最大的资本，只要充满自信和活力，不管走到哪里，都能散发光芒，成为焦点。

- 平时穿着简单大方、舒适得体即可，不要刻意追求品牌。
- 全身保持干净整洁，特别是浅色衣服，千万别沾上油渍和墨水。
- 尽量选择简单的配饰，搭配的东西在于合适，而不在多。
- 在校期间，校服保持干净整洁，不要增加多余的修饰。

随时微微笑

王恩恩不小心撞了李希一下，李希脸上的表情顿时变得很难看。王恩恩赶紧握着双手对李希说："抱歉，抱歉，我不是故意的。"接着，她摆出一个灿烂的微笑。

面对一个真诚抱歉的微笑，李希实在没办法再生气，只好笑着对王恩恩说："好啦，下次小心点！"

微笑的力量很强大，大部分人和李希一样，对微笑完全没有免疫力。面对一个笑脸相迎的人，即使心情再糟糕，怨气再大，也会慢慢平静下来，心里的疙瘩也会一点一点化解。微笑是放松心情的良药，也是化解矛盾的金钥匙，在真诚的微笑面前，人人都会变得可爱而充满亲和力。

所以，一个习惯微笑的女孩，她的身边朋友一定不会少哦！

微笑也可以练习：

- 如果以现在的心情实在无法微笑，试着闭上眼睛，回想一些美好的事情，让微笑由内而外地调动出来。

- 平时多对着镜子练习微笑。不一定要露出八颗牙齿，也不一定要发出笑声，一个浅浅的微笑也具有很大的感染力。

- 试着对每一个与你对视的人微笑，不管是认识的人还是陌生人。渐渐地，你会习惯性地扬起嘴角。

记住别人的名字

你竟然记住了我的全名，太让我感动了！

有个人去拜访一位外国顾客。这个顾客的名字又长又绕口，很少有人叫他的全名，大家都称他"尼先生"。

拜访者在进门前，特别用心地念了几遍顾客的全名。当他用全名称呼顾客时，顾客竟然感动得哭起来。这位顾客对他说："我来这个国家十几年了，从来没有人像你一样叫出我的全名。"

叫出别人的名字，就像一个别样的赞美，能让对方感觉自己受到重视和尊敬，也能更快地拉近人与人之间的距离哦！

相反，如果看着一张熟悉的面孔，却怎么也想不起来对方叫什么名字，是不是会很尴尬呢？说不出来还不打紧，最要命的是移花接木——将甲的名字装到乙身上，这恐怕会让现场的气氛瞬间降到冰点吧！

知道记住名字的重要性，可是还是会有这样的困扰：只不过听了一遍，感觉记不住，又不好意思再问一次，这该怎么办呢？

——听了第一遍后，反复在心里念几遍这个人的名字，让脑海中留下印象。

——建立有趣的联想。如有人叫"甄珊玫"，你可以马上联想到"真善美"，很容易就记住她的名字啦！

——准备自己的联络本。记录下不容易记住的名字，私底下反复记忆。

不以貌取人

"我才不要和她做朋友,瞧她整天摆着一张苦瓜脸,一定不好相处。"

"咦!小心前面那个人,贼眉鼠眼的,一定是小偷。"

当我们初次见到一个人时,是否能通过他的外貌判断他的性格,看穿他的内心呢?这恐怕连拥有火眼金睛的孙悟空也很难做到吧!有时候,我们的眼睛也会欺骗我们。一个表面上看起来很严肃的人,搞不好很幽默;一个长相成熟的人,说不定拥有一颗

天真活泼的心呢!

任何时候我们都不能以貌取人哦!外貌美丽或不尽如人意并不能说明什么,内心的纯洁善良才是最重要的。

- **外表有缺陷的人一样在努力。**
  不要嘲笑或用同情的眼光看待有缺陷的人,我们应该关注他们的努力和不屈的精神。

- **其貌不扬的人也会有惊人表现。**
  不要小看其貌不扬的人,有时候越是不起眼的人,越可能有惊人的表现,身高不足一米七却称霸世界的拿破仑就是最好的证明。

- **表里如一比表面光鲜更重要。**
  不要以外貌作为选择朋友的标准,真诚和信赖才是友谊的基础。

朋友，你今天好吗？

下午上课的时候，王恩恩发现苏幼美没在座位上，就随口问金婉儿。

金婉儿露出一副不可思议的表情，回答道："你和幼美这么要好，竟然不知道吗？幼美肚子痛，请假回家了。"

这样重要的事，为什么金婉儿知道，而身为苏幼美最好的朋友恩恩却不知道呢？

原来，苏幼美肚子痛难受的时候，王恩恩和一群同学正玩得开心。苏幼美捂着肚子，叫了王恩恩好几次，恩恩看都不看她一眼，只顾着自己玩。苏幼美伤心极了，这才让金婉儿陪自己去找老师请假。

被好朋友忽视的感觉是不是很难受呢？如果你也体验过这样的滋味，是不是更应该懂得关心朋友呢？朋友不只是分享快乐的伙伴，还应该是寒冬里的棉袄，在对方最需要的时候，站在她身边给她最贴心的温暖。

如果我们懂得关心自己的朋友，让朋友感受到温暖和幸福，我们自己也会觉得很幸福哦！

关心朋友要怎样做？

1. 一颗真诚的心

关心不是随口说说，也不必用许多物质来表达。朋友之间最需要的是真诚相待，一个真诚的眼神，一个温暖的拥抱，都是给朋友最好的关心。

2. 几句关怀的话语

"多穿点，天气变冷啦！"

"我永远站在你身边呀！"

"你今天开心吗？"

偶尔听到这样的话语，是不是心里感到很温暖呢？那么，把你的关心也说出来吧！

嗨，你好！

有个犹太人，名叫拉比，他每次去郊外散步，都会遇见一位德国人米勒。每次，他都会主动问候米勒："米勒先生，你好！"德国人也总会微笑着回应道："拉比先生，你好！"

后来，第二次世界大战爆发了。米勒成了德国纳粹党的一名军官，抓捕了许多犹太人，要将他们处以死刑，其中包括拉比。

行刑这天，拉比和成百上千的犹太人站成一排，绝望地等待死亡的降临。当米勒将军走到拉比面前时，拉比胆怯地抬起头来，低声说了句："米勒先生，你好！"

"你好，拉比先生，你怎么在这儿？"就是这样两句简单的对话，竟然把拉比从死亡线上拉了回来——铁血无情的米勒

先生最终放了拉比。

这就是问候的力量,一句简单的"你好",能够消除人们之间的隔阂,建起一座温暖的桥梁。一声问候,意味着尊敬、重视和喜爱,也是人和人愉快相处的前奏。再冷漠的人,面对主动上前打招呼的人,也会拆掉心里的围墙,回应一个礼貌的微笑。

打个招呼吧:

跟人打招呼要做到以下几步:

1. 带上笑容和亲切的态度。

2. 使用音量适中的礼貌语言。

3. 加上引人注意但又不夸张的手势。

"你好!"就是最自然、最完美的问候语哦!

注意啦!打招呼一定要大大方方,不要扭扭捏捏、唯唯诺诺,这样有可能被对方忽视,或让对方陷入不自在的境地哦!

请叫我开心果

周乐是班上的开心果，只要有她在的地方就充满了欢声笑语。她的一句话、一个表情，都能成为别人发笑的原因。要是没有周乐，班上一定少了不少乐趣呢！

王恩恩也想成为周乐那样的女孩，给大家带来欢乐。她看了许多笑话书，并努力将上面的笑话背下来，讲给身边的同学听。

"接下来，我给大家讲一个笑话，你们一定会觉得很好笑……"

笑话讲完了，身边却没有一个人发出笑声。

"这个不好笑吗？那我再讲一个……"

王恩恩又讲了第二个笑话。大家实在不好意思不笑，就勉强挤出一丝笑容来，然后赶紧找各种理由逃离现场……

为什么大家无法发笑？难道是笑话书有问题？到底是谁出的笑话书呀，一点也不好笑！

千万别错怪了笑话书，即使再好笑的笑话，如果讲述的方式不对，也会变得索然无味；相反，一个善于搞笑的人，即使不靠笑话，单凭一个逗趣的表情也能使人发笑哦！

笑话四忌

忌重复：再好笑的笑话，超过两遍也会变得枯燥无味。

忌夸大的开场："我要讲一个很好笑的笑话"这种期望过高的开场白会大大降低笑话的质量。

忌提前笑场：笑话还没讲完自己先笑，会让对方摸不着头脑。

忌太长：笑话的前奏太长，会让听的人失去耐心。

如何调动每一个幽默细胞？

想要别人被自己的幽默逗乐，首先自己要有一颗乐观、开朗的心，其次要有使人发笑的自信，以及机智的反应力，最后还要有"豁出去"的无畏精神。幽默是态度，而不是学问，让自己保持轻松乐观的心态，并将这种态度传递给周围的人，实际上也是一种幽默。

爱抱怨就不可爱啦！

"太阳这么大，怎么可能会下雨？非要我带伞，真烦人。"

出门前，王恩恩一边将妈妈叮嘱要带的伞塞进书包里，一边小声嘟哝着。

"哎呀！"刚走没多远，王恩恩不小心踩到一个坑里，她又开始发起牢骚来，"这条路这么烂，害我差点摔一跤，为什么不修呢？讨厌死了，烦死了。"

不管遇到什么事，只要稍微让自己不顺心，王恩恩就会忍不住抱怨起来。女孩在抱怨的时候，眉头一皱，再可爱的样子也会瞬间消失，任何人见了也会敬而远之。如果抱怨养成了习惯，好

像对身边的事和人一样也不满意,每天都摆着一副苦瓜脸,这样的女孩怎么会讨人喜欢呢?

甩掉爱抱怨的自己

多为别人着想

遇到让你不满的人或事,先从对方的角度想一想:他是不是有什么难处?她可能不是故意的。试着体谅别人,一定能停止抱怨。

学会自我安慰

每当想要抱怨时,试着进行自我调节,安慰自己。如遇到倒霉的事,就对自己说:"不要紧,倒霉是好运的开始嘛!"

转移情绪

多想想开心的事,将不良情绪第一时间转移。"和大家一起玩的时光真开心。""我的成绩又进步了。"每一个欢快的小细节都能打败不良情绪。

陶冶性情

经常运动、看书、听音乐,陶冶自己的性情,让自己的心胸变宽阔。

别动不动就生气

"李大志,你这个讨厌鬼!"

安静的教室里,又听到王恩恩在大声嚷嚷。此时,她正握着拳头,一脸气愤地站在同桌李大志面前。

究竟发生了什么事呢?原来,粗心大意的李大志不小心碰翻了王恩恩的水杯。本来很小的一件事,在王恩恩这里就变成了天大的灾祸,非要闹得惊天动地不可。

王恩恩就像一座活火山,总是动不动就火山爆发,大家都不敢招惹她,生怕一不小心触到她的导火线,弄得鸡飞狗跳。

动不动就生气,不仅给身边的人造成很大压力,还对我们的身体有很大害处呢!

爱生气的可怕后果

如果我们生气一次，烦恼马上就会闻讯而来，大脑中千万个不开心因子也会赶来凑热闹，我们的心情就会变得非常糟糕。这种不好的情绪会影响身边的人，让他们的心情也变得很糟。反过来，身边人的坏情绪又会影响我们，从而形成一个可怕的恶性循环。

消除火气的方法

- 想要生气之前先深呼吸。
- 不断地对自己说："我不生气，我不生气……"
- 努力让自己保持微笑。
- 把精力放在解决问题上。
- 记住一句名言：生气是拿别人做错的事来惩罚自己。

我做到了吗?

"拉钩上吊,一百年不许变!"

两根小拇指勾在一起,再伸出大拇指盖上一个郑重的章,一个重要的约定在两个好朋友之间形成啦!勾紧的小手,共同的约定,让友谊变得越来越牢靠。

遵守约定是彼此信任的基础,一旦反悔,彼此信任的桥梁就会轰然倒塌,两只友谊之手便很难再牵在一起。

所以,约定好的事情,不管它有多小,都不要反悔哦!

不仅是朋友之间,对待任何人都应该遵守约定;

不管是书面的,还是口头的,只要约定好的事情都一样重要;

即使是脱口而出的约定,也要尽力去实现。

写下几件最近答应过别人的事,隔一段时间再回过头来问问自己,我做到了吗?

我的承诺

我答应家人的一件事：

我做到了吗？

我答应朋友的一件事：

我做到了吗？

我答应同学的一件事：

我做到了吗？

我不是小气鬼

"这是我最喜欢的娃娃,别给我弄坏了哟!"

"别找我借钱哦,我也很穷的。"

"我自己要用,待会儿再借给你吧!"

一遇到别人借东西就很为难;总担心别人会弄坏自己的东西;借出去的东西很快就想要回来……大家常常把这样的人称为"小气鬼"。这样的人只懂得为自己着想,总把自己的利益摆在第一位,在旁人看来是很自私的。然而人与人交往是相互的,如果我们不愿意付出,又怎能换来分享呢?更何况谁愿意和一个自私的人做朋友呢?

朋友之间的义气就像树的根,树有了根才能长得高站得牢,而朋友之间拥有了义气,彼此的友谊才会更加牢靠。不过,我们必须牢记,讲义气不能不分是非,失去自

我，交朋友不可不辨好坏，没有原则！

不要为了友谊不明事理，做出违反校纪校规和道德法律的事。

不要为了取悦朋友而委屈自己，实在不愿意做的事应该果断拒绝。

- ◀ 不斤斤计较，不吝啬，在物质方面表现大方。
- ◀ 气量大，宽厚待人，原谅别人的小过失。
- ◀ 落落大方，真诚地欣赏和赞美别人。

当我们心存感恩，懂得为别人着想时，就会抛开那颗自私的心，成为一个大方、大度的女生啦！

表情别那么严肃！

"1、2、3，茄子！"

班上春游，大家排好队一起拍集体照，所有人的笑容都很灿烂，可是王恩恩却一副很不开心的样子。

"恩恩，你怎么了？"身旁的苏幼美小声问王恩恩。

王恩恩仍然板着脸，回答道："我没怎么，只是不想笑而已。"

几天后，照片出炉了，在一堆花儿般的笑脸中，王恩恩那张严肃的面孔真是特别显眼！

心情是属于自己的，可是它也在不知不觉中影响着周围的

人或事哦！试想一下，如果在一个很欢快的场合中，出现一个严肃、苦闷的表情，是不是会瞬间冰冻愉快的气氛，直接影响在场所有人的心情呢？想必，谁也不喜欢这样的"聚会毒药"吧，这样的人很容易被加进聚会黑名单哦！

每个人都有自己的烦恼，也难免有不开心的时候，可是我们不应该老是沉浸在这种情绪中。给自己一个烦恼的期限，期限过后就扬起笑脸去感受生活的美好吧！

从现在开始，别把什么事都藏在心里，找一个知心朋友倾诉你的心事吧！

从现在开始，别压抑自己的情绪，高歌一曲、大喊一声，释放那些不良情绪吧！

从现在开始，试着顾及别人的感受，让自己舒心的同时，也让别人感到轻松自在吧！

经常爬山、散步、唱歌，有助于让我们拥有愉悦的身心，让整个人的心态都变得乐观起来哦！积极地面对生活，享受生活，脸上就会不知不觉浮现笑容哦！

记住朋友的生日

"幼美,一起去吃饭吧!"

"不去。"

"幼美,去洗手间吗?"

"不去!"

王恩恩实在很纳闷,幼美今天到底怎么了,和其他同学有说有笑,却偏偏不爱搭理她,这可让她伤透了心。一打听才知道,昨天是幼美的生日,神经大条的王恩恩把这件大事给忘了。

生日对我们来说算是一年中最重要的日子,如果这一天没

幼美,请接受我迟到的生日祝福吧!

我希望每年的生日都能跟你们一起度过!

有收到好朋友的祝福，当然会觉得很沮丧啦！

作为一个贴心的女孩，如果能记住好朋友的生日，第一时间送去祝福，会让你的朋友感觉受到重视和关爱，从而让友谊更加牢固哦！

记住朋友生日的好方法：

在房间里挂上日历，用醒目的彩笔标出每一位朋友生日的日期，在这一天到来时，对她说："生日快乐！"

生日祝福是心意，并不一定要用礼物去表达。我们现在还没有赚钱的能力，没有必要送朋友贵重的礼物哦！一句真心的"生日快乐"比昂贵的生日礼物更珍贵哦！如果实在想要表达自己的心意，试着亲手做一张卡片或手工制品送给朋友吧！她一定会非常感动的。

先道歉没那么难

王恩恩正在写作业,管管从她身边路过,不小心碰了她一下。钢笔一滑,原本干净整洁的作业本上留下了一道难看的划痕。

"真讨厌!"王恩恩十分生气,重重地推了管管一把。管管觉得很委屈,红着眼睛跑开了。

"恩恩,你应该跟管管道歉,推人是不对的。"一旁的苏幼美说。

"我才不要,是她先弄花我的作业本。"说完,王恩恩将头撇到一边继续生闷气。

前一个小时还是手拉手的好朋友,因为一点点小矛盾,就变成了互相不理睬的小冤家。如果大家都不愿意道歉,将矛盾搁置在那里,一天、两天、三天……双方的怨气都没办法消除,朋友没法做了,心情也变得更糟。

其实，先道歉又有什么关系呢？先道歉并不能说明责任就更大，也并不会失掉颜面，而是证明你拥有宽大的胸襟。先道歉，能使矛盾很快缓解，即使对方有再大的怒气也能烟消云散哦！

道歉的学问

● **先学会反省**
先了解自己到底错在哪里，对别人造成了怎样的伤害，再进行针对性的道歉。

● **真诚地道歉**
不要敷衍，也不用太过煽情，只要承认自己确实犯过的错，诚恳地道歉即可。

● **给对方宣泄的机会**
道歉时，允许对方发泄怒气，将不满表达出来，一切都说开了，误会和矛盾就会在瞬间解除。

● **不承认自己没犯过的错误**
不要为了让对方消气，承认自己没犯过的错误，这样反而会让别人认为你很胆小、懦弱！

可怕的小报告

"老师，自习课上罗忠读书的声音太大了，影响我复习功课。"

"老师，昨天周乐没有参加大扫除，偷偷溜回家了。"

"老师，金婉儿的作文是抄的，作文书上有一篇和她的差不多。"

班上稍微有一丝风吹草动，不管是谁，不管大错小错，甚至不管事情是否属实，只要传到了学习委员管管的耳朵里，她就会马上向班主任报告。时间一长，大家都不爱搭理她，甚至有意孤立她。

管管是"间谍"，我们离她远点！

我早知道了，她昨天还告我状呢！

管管虽然很伤心，可是她仍然觉得自己没有错，作为班上的班干部，当然有权利也有责任把班里的情况汇报给老师啦！

不管是生活中，还是学习上，每个人都难免会犯一些小错误，或者闹出一些小误会，如果不把事情调查清楚，不给人改正的机会，就向老师报告，不仅不是解决问题的最好方法，而且还会让被打小报告的人产生不良情绪哦！

总之，一个爱打小报告的人，很容易被大家误会成"马屁精"，老师的"小间谍"，没有人愿意和这样的人交朋友。

老师很忙的

在向老师报告之前，应该将事情了解清楚，再开动脑筋去解决问题。很多小问题我们完全可以自己解决，而且可以处理得很好。老师每天要备课、教课，还要照顾我们的生活，已经很辛苦了，我们实在犯不着什么鸡毛蒜皮的事都麻烦老师呀！

我是手机控吗？

最近很流行一句话呀。

"世界上最遥远的距离不是生与死，而是我就站在你面前，你却在低头玩手机。"

对此，苏幼美深有体会。最近，王恩恩拥有了一部新手机。自从有了新手机，吃饭、走路、自习……所有空闲时间王恩恩都用来玩手机。有时候，苏幼美想找王恩恩聊会儿天，王恩恩却总是低着头看手机，完全把幼美当空气。

苏幼美伤心极了，想起以前和恩恩一起看书、一起聊心事的日子，真是怀念啊！手机简直就是友情的第三者！

如今，手机的功能越来越强大，上网聊天、玩游戏、听

歌、看电影、照相、摄影……只有你想不到的，没有它做不到的。在手机的世界里，我们简直变得无所不能。

可是，功能再强大的手机也有一个致命的缺陷——没有感情。手机虽然能带给我们很多乐趣，却不能像朋友一样给我们温暖和关爱，不能分享我们的快乐，也不能在我们难过时给予安慰。所以，我们不能为了玩手机的乐趣，而忽略了我们身边的朋友！

总是低头看手机，让我们忽略了身边的朋友，变得感情淡薄；

总是低头看手机，让我们的颈椎慢慢变形，视力也越来越差，变成难看的驼背妹加眼镜妹；

总是低头看手机，大脑越来越懒得思考，越来越迟钝，就连记忆力也跟着减退啦！

太可怕了！赶快放一放手机，不做手机控！

上课时一定要关机，不要让手机信息扰乱听课思绪。

和朋友、家人在一起时，把手机塞进书包里，珍惜和他们在一起的时间。

手机用来打电话就好了，别羡慕那些拥有智能手机的同学。

多参加班级活动、公益活动，拥有自己的兴趣爱好，丰富自己的课余生活。

可不可以不拖拉？

"总是要等到睡觉前，才知道功课只做了一点点。

"总是要等到考试后，才知道该念的书都没有念……"

你是不是也拥有这样一个迷迷糊糊的童年，不管做什么都拖拖拉拉，总是要等到最后一刻，才知道抓紧时间？

做事拖拉是一种很糟糕的习惯。总是把"明天做""待会儿再说吧"挂在嘴边，不管做什么事，能拖就拖。拖来拖去，拖到最后，让自己陷入慌乱，什么也做不好。

如果我们总是把问题交给时间，心想着"车到山前必有路"，真的到了山前，看到的必定是陡峭的悬崖，而绝不是平坦的道路。

天呀，明天就开学了，作业还有这么多……

赶快甩掉拖拉的包袱吧!

● 不要给拖拉找任何借口

"假期还很长,先开开心心地玩好,再来写作业吧!"各种拖拉的借口会让我们轻而易举地放松自己,在不知不觉中错过了完成一件事的最佳时机。

● 制订切实可行的计划

现在做什么,接下来做什么;今天做什么,明天做什么。给自己制订短期的、切合实际的计划,并严格按照计划来执行。时时提醒自己:"可提前,但坚决不能推迟!"

● 多和积极的同学在一起

人和人之间很容易互相感染。经常和拖拉的人相处,就很容易变得慢吞吞;常常和积极、进取的人在一起,就会被他感染,也变得积极主动起来哦!

我不是小懒虫

真想整天躺在床上，一旁摆着各种好吃的零食，手中拿着遥控器，看着自己最喜欢的电视剧，不用读书，不用写作业……

你该不会也有这样的梦想吧？这种懒惰心理非常可怕，它会渐渐吞噬我们的身心，让我们变得越来越慵懒，越来越打不起精神。

试想一下，如果我们一整天都在睡觉，醒来后是不是觉得头特别沉，甚至记忆力都跟着下降了，感觉自己像个没精神的小傻瓜？没错，懒惰的毒液正慢慢侵蚀你的全身呢！

身体不运动，脂肪就会找上门；大脑不运转，思维就会变迟钝。用不了多久，我们就会变成一个呆呆的小胖妞，这多么恐

怖啊!

没有别的办法,我们必须振作起来,挥舞勤奋的利剑,将身体里的懒惰全部消灭掉。

我不再赖床啦!

每天清早按时起床,千万别给自己"再睡5分钟"的机会。如果时间充足,跑跑步锻炼身体吧!

我爱劳动!

主动干一些力所能及的家务活,积极完成班级的卫生活动,多多参加学校组织的公益劳动。

我一定要完成!

从现在开始,马上完成该完成的事,和"再等会儿""再休息一下"说再见。

只有战胜懒惰,我们才能拥有健康积极的心态,不断地前进,一步一步走向成功哦!

一个人睡，不怕不怕啦！

又是下雨的夜晚，窗外传来一阵一阵可怕的雷声，王恩恩害怕极了。她裹着被子哆哆嗦嗦地爬起来，走到爸爸妈妈的房间门口，大喊道："妈妈，我好害怕呀，我要和你一起睡。"

每到下雨天，王恩恩的心理年龄就会直降十岁，直接回到婴儿时期，和爸爸妈妈挤在一张床上睡觉。

可是老这样也不是办法呀！要是有一天，被班上的同学知道了这件事，他们一定会嘲笑王恩恩是胆小鬼的。

为了不做胆小鬼，不管是刮风下雨，还是雷鸣闪电，我们都要一个人睡！

我又想起可怕的事！

当我们躺在床上时，千万不要去想一些可怕的事情，也不要逼自己不去想。因为人的脑袋就是这样，你越是强迫自己不去想一件事，这件事就越容易跳出来。

这个时候，试着转移注意力，回想今天一天发生的事情吧，也可以默想一下当天学过的知识哦！不知不觉，我们就会进入甜甜的梦乡。

不怕下雨的天气。

下雨打雷的天气，更容易让自己陷入恐慌。我们可以选择听一听轻柔的音乐，或者看一些无聊的书，尽量让自己犯困。当一个人很困时，根本没有心思去害怕。

平时多锻炼自己的胆量。

自信是勇敢的开始，平时多培养自信心。

多看一些科学百科书，了解恐惧背后的真相。

多参加类似"勇敢夏令营"的活动。

接近大自然，多接触美好的事物，培养积极乐观的心态。

谁说只有男生才勇敢？

放学回家的路上，苏幼美要经过一条僻静的小巷。

这天，苏幼美刚走进巷子里，突然察觉身后传来一阵鬼鬼祟祟的脚步声，好像有人正跟着她。

苏幼美害怕极了，她赶紧加快了脚步。但是，她越走得快，身后的脚步声就越近。这时，她急中生智，赶紧拿出手机，假装打电话，大声说道："喂！爸爸！你到哪里了？我在××巷……哦！你就在附近啊！……好的！我就来……"

突然，身后的脚步声停了。苏幼美快速转头一看，身后什么也没有。趁这个时候，她赶紧朝小巷的另一头——人多的地方跑去。

不管是幻觉，还是真的有坏人出现，苏幼美的表现都应该被赞扬。关键时刻，她知道如何摆脱危险，如何保护自己，真是我们学习的好榜样呢！

谁说只有男生才勇敢呢？谁说我们女生不能保护自己？面对突发状况，我们同样能临危不惧，有勇有谋。

1. 一个人在家，陌生人来敲门，先问清楚身份，再打电话询问家人，最后才决定要不要开门。

2. 发现被人鬼鬼祟祟地跟踪，尽量往人多的地方去，并及时请求附近的居民、警察帮忙。

3. 千万不要向不认识的人透露自己的住址、父母的电话，以及其他重要信息。

4. 不要独自去陌生地方或者会见网友。遇到一个人外出的情况，一定要事先告知家人。

拒绝丢三落四

"糟啦!忘记戴红领巾了!"

"唉!又把作业落家里了。"

"咦?我的钱包去哪了?"

王恩恩的姐姐名叫王思思,她总爱丢三落四,除了她自己,任何东西都有可能被丢,或被她遗忘。但不管丢多少东西,被批评多少次,王思思就是不长记性。

呜呜呜,我地理考砸了,我忘记奥地利在什么地方了。

你真爱丢三落四,昨天丢了奥利奥,今天又丢了奥地利!

更有一次,她在公用厕所洗手,竟然把新买的手机忘在了洗手台上。为了给她一个教训,爸爸下了一个决定:"如果不改掉丢三落四的毛病,整个学期你都别想用手机!"

看着其他同学都有手机,王思思羡慕极了。可这能怪谁呢?都怪自己丢三落四的毛病改不了。

丢了东西可以再买,犯过的错误也许能补救,可是丢三落四的坏习惯一旦养成就很难改掉,这不仅给自己造成很大困扰,有时候还影响到身边的人。一旦发现自己有丢三落四的习惯,应该提高警惕,想办法改正过来,不要让它一直跟随着我们,将我们的生活搅得一团糟哦!

我的宣言:拒绝丢三落四!

- 任何东西用完后不要随手放置,而是放回原处。
- 不管做什么事情,都要专心致志,集中注意力,尽量不要一心二用。
- 准备一个随身携带的记事本,写上将要做的事和要携带的物品,帮助记忆和提醒。
- 有时间练习一些有助于培养细心的事情,比如十字绣、拼图等。

我的人格魅力

王恩恩很羡慕苏幼美，因为苏幼美在班上很受欢迎，大家都喜欢和她在一起学习、玩耍。好像她身上有一种特殊的魔力吸引着大家，让所有人都愿意与她亲近，甚至把她当作中心。

王恩恩心想：这大概就是传说中的万人迷吧！可是，班上许多女生都比她好看呢，为什么偏偏她最受欢迎？

这究竟是怎么回事呢？苏幼美是不是会魔法的小仙女呀？当然不是啦，不过她有一种比魔法更厉害的能力，那就是人格魅力。

怎样才能提高人格魅力呢？

● **充满自信**
不管做什么事，不要表现出"我不行"，而是冷静地思考"怎样做才行"。

● **大方得体**
任何情况下，不要扭扭捏捏，能做到的就勇敢去做，做不到的就果断拒绝。

● **能力出众**
不一定要样样精通，但一定要拥有属于自己的专长，并努力做到更好。

● **品格优秀**
拥有一颗纯洁、善良、正直的心，时刻严格要求自己。

人格魅力与长相无关，也与穿着打扮无关，它是一种在性格、气质、能力、品质上吸引人的强大力量。拥有了人格魅力，我们的美丽就会翻倍增长，就会成为最闪耀的星星。

第3章

文明好习惯
让你倍添魅力

别再浪费啦!

午饭过后,垃圾桶里、餐盘里残留下许多饭菜,有些还是好好的,根本没动几下。厨师大叔辛辛苦苦做的饭菜,就这样被抛弃了,让人看了就心疼。

一粒粮食变成米饭,要经过播种、发芽、成熟、收割等多个阶段,经历几个月的时间。当它就要完成最后的使命——进入我们的嘴巴时,却被我们无情地丢弃。不得不说,这不仅是对粮食本身的不尊重,更对不起为耕种它们付出辛勤劳动的农民伯伯。

"谁知盘中餐,粒粒皆辛苦!"粮食来之不易,我们应该懂得节约。要知道,如今还有许

多偏远山区的孩子吃不到热腾腾的饭菜，我们每个人节约一粒粮食，就可以让他们少挨一顿饿。

吃饭法则

1. 搞清楚自己的饭量，吃多少，盛多少。
2. 戒掉"每天剩一点"的坏习惯。
3. 吃饭要用心，别把食物撒得到处都是。
4. 实在吃不完，记得将剩饭倒在指定的地方。

爱惜粮食的曹操

三国时期，丞相曹操很爱惜粮食，也非常尊重农民的劳动成果。为保护田里的麦子，他下令：凡糟蹋庄稼者杀无赦。有一天，曹操的马受了惊，踩坏了麦子，曹操便要挥刀自刎。将士们连忙上前劝阻道："丞相万万不可啊！你要是死了，谁来领兵打仗呀？"曹操听了，便削掉自己的头发，以正国法。

水龙头拧紧了吗?

有一次,王恩恩家的水龙头坏了,怎么也拧不紧,水一滴一滴不紧不慢地滴出来。奶奶看见了,就把一个塑料桶放在水龙头下接水。

王恩恩心想:奶奶真是太夸张了,水龙头滴得这样慢,能滴出多少水呢?有必要用桶来接吗?

过了半天,王恩恩跑到厨房一看,大吃一惊,水桶里面竟然装了满满一桶水呢!王恩恩赶紧把装满水的桶挪开,再换上一个空桶继续接水,心想着:等爸爸回来了,一定提醒他修水龙头,要不然不晓得浪费多少水呢!

水一滴一滴滴下来,看起来真没多少水,可是积少成多,不知不觉中流失的水很可能超乎想象哦!

水是我们人类十分重要的朋友,如果离开水,我们根本无法生存。节约用水是我们每一个人应尽的责任和义务。那么,就从拧紧水龙头开始吧!

水龙头拧紧了吗?

用完水,确认水龙头已经拧紧再离开。

看见没有拧紧的水龙头,走上前去伸手拧一把。

发现漏水的水龙头,及时告诉管理员,请他们及时修理。

将以上信息传递给身边的每一位同学。

节约用水小妙招:

1. 一水多用

洗脸水用后可以洗脚,洗衣水可以用来洗拖把,养鱼的水可以用来浇花,淘米水可以用来洗碗筷。

2. 废水利用

家中预备一个收集废水的大桶,收集洗衣、洗菜后的家庭废水,用来冲厕所。

3. 间断用水

洗手、洗脸、刷牙、洗澡时不要一直将水龙头打开,应该间断性放水。如:抹肥皂、涂沐浴露、用洗发水时应该关闭水龙头;刷牙时,应在杯子接满水后,关闭水龙头。

你关灯了吗?

试想一下,如果我们没有了电,我们的世界会变成怎样?

夜晚将变成漆黑一片,所有工厂将停止生产,电冰箱、空调、电视机等全部无法使用,一切网络将中断,各种通信设备全面瘫痪……人就像离开水的鱼一样,根本没办法生存。

电对我们如此重要,那么你知道电是怎么来的吗?

电力是由煤炭、石油、天然气等能源转化形成的。这些能源都是不可再生资源,正在一点一点减少。目前,全世界的能源都很紧张,而且资源开发还带来了严重的环境污染。因此,节约用电、节省能源就显得特别重要。

可恶,又停电了,正是精彩时刻啊!

日常生活中，我们应该养成节约用电的好习惯。

1. 随手关灯。
2. 随手关掉不用的电器。
3. 关电视时，记得拔掉插头。
4. 不要老是开关电冰箱。
5. 不要开着灯睡觉。
6. 作业尽量在天黑之前完成。

一个人的力量是微薄的，但如果我们每个人节约1度（1度即1千瓦时）电，全国就可以节约13亿度电啦！这是一个多庞大的数字啊！

从现在开始，让我们养成节约用电的好习惯，从点滴做起，从身边做起，从我做起吧！

没有电的夏天让我怎么过啊？

拾金不昧好样的

两个人同样是捡到了别人的东西,苏幼美选择将东西还给了失主,王恩恩却将捡来的东西据为己有。哪一种做法才是对的呢?

阿姨,您的钱包掉了。

太感谢你了!你真是个好孩子!

好漂亮的发卡,谁捡到就归谁!

捡到东西，第一时间还给失主，这是最佳选择。千万不要抱着"可能找不到失主""是捡不是偷"等心理，将捡到的东西收进自己的口袋哦！

每个人都有丢失东西的时候，当我们转换角色，变成失主，是不是也希望遇到一个拾金不昧的好人呢？是不是也很痛恨那些将失物占为己有的人呢？将心比心，我们就知道该如何对待捡来的东西了。

● 捡到能确认失主身份的物品，如手机、钱包等，请第一时间联系失主，将物品归还。

● 捡到不能确认失主身份的物品，请交给老师、警察，或其他能帮忙找到失主的人。

拾金不昧的故事

古时候，有个叫乐羊子的人。有一天，他走在路上，捡到一块金子，就高兴地拿回家给妻子。妻子见了，却皱着眉头说："我听说有志气的人不会喝'盗泉'的水，清廉的人不会接受别人施舍的食物，捡到别人的失物占为己有，这种行为更是玷污了自己的品德！"乐羊子一听，十分惭愧，赶紧将金子放回了原处。

哭泣的公用电话

放学回家的路上,王恩恩突然想起今天是爷爷的生日。她赶紧跑到附近的一个公用电话亭,想给住在另一个城市的爷爷打个电话。

王恩恩从口袋里摸出一个硬币,投进机器里,按下一串号码。嘟!电话响了一声就没动静了。

这是怎么回事？王恩恩又连续投了几次硬币，结果还是一样。

"喂！你这家伙，吞了我的硬币，怎么不干活呀？"王恩恩发完牢骚，用力地将电话听筒往电话机上摔去，然后扬长而去了。

可怜的电话听筒被电话线拉扯着，无辜地垂挂在空中，头上还被摔开了一条裂缝呢！

公用电话，顾名思义就是大家都可以用的电话。如果我们将它损坏，其他人就不能再使用了，这将会造成多大的不便啊！

即使公用物品出了故障，我们也不可以粗鲁地对待它们哦！我们完全可以选择使用其他公物，或者拨打公共维修电话，请工作人员来修理呀！

如果人人都有一颗为他人着想的公德心，有保护公物的意识，我们生活的世界将变得更加完善和美好！

爱护公物，从我做起！

- 不要在公共场所的墙上、桌椅上乱写乱画。
- 不要将公用财物占为己有。
- 不要随意破坏公用电话、垃圾箱、邮箱等公物。
- 不要在公交车、街道、广场等公共场所乱扔垃圾，保持公共卫生。

别摘我，我怕疼！

春天到了，路边花坛里开满了鲜花，有杜鹃、海棠、月季、鸡冠花……每一朵花儿鲜艳又可爱，把我们的城市装扮成了美丽的花园。

"这些杜鹃花真好看，真想摘一朵插在花瓶里，摆在我的书桌上呀！"

"哇！这朵像鸡冠一样的花真特别，我从没见过呢！赶快摘一朵，留作纪念吧！"

女孩们看到美丽的花朵，总是特别兴奋，很想将它们带回家慢慢欣赏。可是，花朵一旦被折断，离开了供给营养的根，离开了赖以生存的土壤，它们的生命线就会被掐断，等待它们的必将是迅速枯萎和死亡。

我们爱花，更要惜花，怎能忍心看它们毁在我们手中呢？

不仅如此，城市中的每一个花坛，每一朵花，都是园林工人辛勤栽种和布置的。毁坏一朵花，就会破坏整个布局，让工人们的辛勤劳动付诸东流啊！

为了满足自己的私欲，去破坏城市环境，这是多么不道德啊。所以，我们不仅要克制自己，还要拉住其他想要采摘花朵的手哦！

对 与 错

下面这几组图中,你会对哪些行为说"对",对哪些说"错"呢?

动动脑筋,为花草树木制作爱心标语牌吧!

它是我的朋友

路上碰到一只饥饿的流浪猫,你会把手中的面包分给它吃吗?

发现弱小的雏鸟从树上坠落,你会想办法把它送回到鸟巢中吗?

看见有人朝动物园里的大熊猫乱扔食物,你会上前制止吗?

如果你愿意这么做,那说明在你的心里,动物是朋友,而不仅仅是宠物,或有别于人类的一种普通生物哦!

小动物也是生命,也是地球上的一员。正因为有了各种各样的小动物,我们的世界才如此丰富多彩。小动物带给了我们无穷的欢乐,也带给我们许多感动,我们怎能忍心伤害它们呢?

我和我的宠物!

你养过小狗或小猫吗?它们是不是很可爱,很容易亲近?当你开心时,它陪着你一起玩耍;当你难过时,它会静静地待在一旁,倾听你的诉说。我们只要真心对待它,给它一丝关爱,它就会把我们当成最重要的亲人,甚至忠心地付出一生,并不要求任何回报。

小动物教会我们感恩,让我们懂得付出爱心,它是我们生命中的好老师,也是我们最忠实的伙伴。

所以,我们一定要爱护小动物,不要伤害它们。让我们和动物成为真正的好朋友,和它们一起在地球村快乐地生活吧!

垃圾很委屈

想一想，还真应该为垃圾叫屈呢！城市的各个街道、路口都设有垃圾箱，每个街区还有大型的垃圾站，这些地方都是它们的家。可是，有些人偏偏不顾及垃圾的感受，把它们扔在大街上，不仅让它们找不到家，还被别人误会和唾弃，真是太可恶了。

别让垃圾替我们背负冤屈啦！当它们贡献出自己的价值，"光荣退役"后，对它们进行妥善安置吧！也别再抱怨躺在路边的它们啦！弯下腰，将它捡起来，帮它找到属于它的家吧！

如果人人都这样做，我们就能拥有一个干净美丽的环境，也能让垃圾不再随处流浪啦！

垃圾分为可回收和不可回收，请将垃圾分类处理。

 废纸、塑料、玻璃、金属、布料等

 烟头、鸡毛、落叶、煤渣、食品残留物等

可回收垃圾是放错了地方的财富。回收垃圾不但美化环境，而且垃圾再利用可以节省新资源的开采，也是减少垃圾的一种方法哦！

请小声一点儿

"喂！妈！我在公交车上呢！我马上就到家啦……"

拥挤又燥热的公交车上，突然有人拿出手机，扯着嗓门打电话，站在旁边的你是不是很难受呢？

"啦啦啦，啦啦啦……"安静的图书馆，突然有人戴着耳机唱起歌来，在一旁认真看书、用心学习的你是不是难以忍受呢？

在公共场所，如果我们只图自己轻松、自在，大声说话或大声唱歌，不仅会影响和干扰身边的其他人，还会在瞬间降低自己的形象气质哦！在别人的眼里，我们会成为一个"没礼貌""没素质"的女生呢！

所以，当我们在公共场合打电话、交谈时，应该在对方听得见的前提下，尽量调低自己的音量。特别是在图书馆、电影院、医院等需要安静的场合，我们更应该保持安静，不要打扰别人。

① 图书馆、电影院、医院等场合，除了说话小声外，手机一定要调静音哦！

② 教室、餐厅、公园等地方，如果想要听音乐，请戴上耳机吧！

③ 人多的地方，和熟悉的人打招呼，与其扯着嗓子大声喊，不如走上前去拍拍她的肩。

请尊敬老人

"奶奶,拜托您不要动我的书桌,好吗?"

"爷爷,这件事您已经是第五次重复了,我真的不想再听了。"

不想再听奶奶的碎碎念,不想吃她吃过的东西;不知道如何回答爷爷奇怪的问题,败给他那混乱的记忆力……

如果说五年是一个代沟的话,爷爷奶奶和我们的代沟还真是深不见底呢!你是不是常常会有这样的感触?

如果我们能够理解爷爷奶奶,听一听他们的故事,也许会改变很多看法。

爷爷奶奶辛苦了一辈子,好不容易将我们的父母养大,又要为他们的家庭操心,还要照顾他们的下一代。他们把自己的爱无私奉献给了两代人,自己的头发却白了,行动也迟缓了,记忆力也跟着下降了。

在我们还是婴儿的时候,会流口水,会尿床,更会无理取闹,可是爷爷奶奶依然把我们捧在手心里,细心呵护。现在,他们老了,同样也需要我们的爱和照顾啊!

尊敬老人，从现在做起！

1. 认真听爷爷奶奶讲话，不要随意打断他们说话。

2. 经常将发生在身边的趣事讲给他们听，逗他们开心。

3. 把遥控器让给想看新闻的爷爷吧！

4. 请不要嘲笑在沙发上打瞌睡发出鼾声的奶奶。

5. 任何时候都不要摆出嫌弃的表情。

6. 经常对爷爷奶奶表达自己的爱。

7. 经常陪爷爷奶奶出门散散步吧！

8. 遇到陌生的老人也要懂礼貌，一定要尊敬他们哦！

姐姐怎么当？

妈妈的朋友带着她五岁的女儿朵朵来王恩恩家做客。

午饭过后，妈妈和阿姨坐在沙发上聊天，王恩恩带着朵朵在房间里玩。

王恩恩找来几张白纸和一盒彩笔，让朵朵独自画画，然后自己待在一旁看起书来。

过了一会儿，朵朵可能觉得太无聊了，就扯着嗓门咿咿呀呀唱起歌来。

王恩恩无法静下心来看书，心里很气恼，就对着朵朵张口大叫道："你好讨厌啊！"

接着，房间里传来朵朵歇斯底里的哭喊声。

不出意外，王恩恩被妈妈狠狠地批评了一顿。可是，王恩恩心里很不服气，明明是朵朵有错在先，为什么遭到训斥的却是她呢？

在大人眼里，我们是小朋友，应该受到照顾和关爱。在比我们更小的小朋友眼里，我们就变成了小姐姐，也应该包容和谦让他们才对。

那些年纪小的小朋友，他们的心智没那么成熟，很多时候会无理取闹，会表现出霸道的样子。可是，比起他们，我们懂得更多道理，应该表现出做姐姐的样子呀！

小姐姐该怎么当？

姐姐应该凡事让着小弟弟和小妹妹。

姐姐要保护和照顾弟弟妹妹。

姐姐不能以大欺小，欺负弟弟妹妹。

姐姐要教弟弟妹妹懂礼貌、讲文明！

请不要插队!

这天,王恩恩感冒了,妈妈带着她去医院看病。

因为是周末,来医院看病的人特别多,儿童门诊的队伍已经快排到门口了。王恩恩跟着妈妈排在队伍的最后面,看着前面长长的队伍,脑袋一阵阵发晕。于是,她对妈妈说:"妈妈,我实在太难受了,你跟前面那个阿姨说一声,让我先看吧。"

妈妈并没有同意恩恩的建议,而是对她说:"前面也有很多病得不轻的小朋友,他们也很难受,也在焦急地等着看医生呢!"

听了妈妈的话,王恩恩惭愧地点了点头。

我们的生活中常常需要排队:领餐需要排队,买票需要排队,有时候上公用洗手间也需要排队……

有些人为了节省时间,图自己方便,就会不顾别人的感受,想尽各种奇招来插队。当我们遇到这种人时,是不是会很气愤呢?如果大家都插队,将原本有条不紊的次序弄得乱糟糟,是不是更耽误时间呢?

插队是一种很不文明的行为，我们除了要劝导别人不要做插队者，对自己更要严格要求，千万别找各种借口来插队哦！

- 不要打着弱小的旗号插队。
- 不要请站在前面的朋友、熟人帮忙排队。
- 不要以着急为由插队。
- 更不要理直气壮、不讲任何道理地插队。
- 不要看着别人插队就理所当然地跟着学。

站一会儿吧！

"**哇**！真幸运，还剩下一个座位！"

拥挤的公交车上，你好不容易占到了一个座位。这时，一个老奶奶蹒跚地走过来，你会主动将座位让给她吗？还是要等到人们投来异样的目光，你才会不情愿地让座？或者，干脆视而不见呢？

不管是公交车上，地铁上，还是广场、公园等公共场所，我们很容易遇到这样的状况。比起那些站不稳的老人家、手中抱着婴儿的阿姨，站一会儿对我们来说更容易。作为一个讲文明的女孩，我们是不是应该微笑着让出座位呢？

更何况，在我们很小的时候，妈妈抱着我们坐公交车，车上的叔叔阿姨也会主动给我们让座。如今我们长大了，也应该用同样的爱心回报社会啦！

让座一定要收获"谢谢"吗？

公交车上，王恩恩主动给一位老爷爷让座，没想到老爷爷不但不说谢谢，还摆出一副理所当然的样子说："小孩就应该多站站。"王恩恩真是很气愤，甚至认为自己让座很不值得。

其实，我们让座不是为了得到一声"谢谢"，也不是为了获得赞扬，而是应该发自内心地想要这么做。老爷爷不说"谢谢"确实有些不对，但这和我们让不让座是两回事，我们完全没有必要计较嘛！

我们自己不仅要主动给老、弱、病、残、孕让座，还应该劝导身边的人也这样做。只有大家都养成文明礼让的好习惯，我们的世界才会更加和谐美丽。

别乱动别人的东西哦!

王恩恩和苏幼美是最好的朋友。

有一次,王恩恩需要换一个新的作业本,想找苏幼美先借一个。刚好苏幼美不在,王恩恩就随手翻开她的课桌,从里面拿了一个新作业本用起来,心里想着明天买一个还给她。

可是,几天过去了,粗心的王恩恩把这件事给忘了。等到苏幼美发现自己少了一个作业本,王恩恩才突然记起,把事情说了出来。

苏幼美虽然不是小气的女生,可是自己的东西被人乱拿,心里总会不舒服。从那以后,她和王恩恩之间总好像隔了点什么,再没以前那

么亲密了。

将心比心，换作是我们，肯定也不喜欢别人乱动我们的东西。再好的朋友，也有自己独立的空间，有各自的隐私，亲密的表现并不是把别人的东西当成自己的，而是设身处地地为对方着想才对。

作为一个懂礼貌的女生，不管是好朋友的，还是其他人的东西，我们都不应该乱动，更不应该不经允许就占为己用。

你是这样做的吗？
- 即使是好朋友的物品，也要先经过允许才能拿。
- 去别人家做客，不要随便乱翻别人家的东西。
- 即使经过同意动了别人的东西，也要记得放回原处。
- 不管进谁的房间都要先敲门。

我的特制草稿本

一个学期结束了,好几个作业本没有用完,有些甚至才写了一半。新学期要上新的课程,需要新的作业本,这些没用完的作业本用不着了,是不是全都扔掉呢?

当然不是啦!让我们好好想一想,看看有没有什么好方法,将它们利用起来?

有啦!不如用它们装订成一个特制草稿本吧!这样一来,计算数学题、默写单词、试写作文,再也不愁到处找草稿纸啦!

生产纸张需要大量的木材和水,浪费纸张就等于破坏森林和浪费水资源。

所以,我们应该养成节约用纸的好习惯哦!

- 用铅笔来打草稿,擦掉还可以再写一遍。
- 纸张不要只用一面就扔掉。
- 尽量不要用一次性纸杯。
- 用手帕代替餐巾纸。
- 将废纸扔到可回收垃圾箱内。
- 收集用过的废报纸、旧作业本、旧书,开发它们新的用途。
- 有些包装纸可以做成精致的手工艺品哦!

旧貌换新颜 之 作业本

① 收集废旧作业本，将其中没用过的纸张小心撕下来。

② 将撕下来的纸张整理好。

③ 准备一张和作业本一样大小的白纸，制成封面。

④ 准备订书机，将封面和所有纸张订在一起。

完美女孩 的 习惯 宝典　GOOD HABITS

我是省钱达人

"妈妈,给我20元!"早上出门前,王恩恩又在问妈妈要零花钱了。

"宝贝,我前天才给你50元,你怎么花的?怎么这么快就花完了?"

面对妈妈的质问,王恩恩根本给不出合理的解释,因为她自己也算不清楚,零花钱究竟花在了哪些地方,她只知道自己的口袋又空了。

其实,很多女孩也像王恩恩一样迷糊,零花钱花得特别快,甚至不管爸爸妈妈给多少,总觉得不够花。

想要改变这种状况,唯一的办法就是养成正确的消费习惯,有计划地使用零花钱。

爸爸妈妈每天辛苦赚钱,真的很不容易,每一分钱都是一滴辛劳的汗水。钱来之不易,如此珍贵,我们应该好好珍惜。

省钱秘籍

随身携带小账本

记录自己每天、每周、每个月得到多少零花钱。再记录下每一笔花掉的零花钱（太过零碎的，可以归总记录）。定期翻看账本，反省自己，哪些是不必要花的钱，再计算自己省下了多少零花钱。

养成储蓄的好习惯

将定期省下的钱存入储蓄罐中，作为自己的不动存款。

每到过年，我们会得到很多压岁钱。压岁钱可能比我们平时的零花钱多得多，我们应该请家人为我们准备一个存折，将这些钱存起来。

花钱需慎重

买东西之前，一定要慎重思考，是否真的有必要买。如果是，果断地买下来，并做好记录；如果不是，就要克制自己，养成不乱花钱的好习惯。

第4章

学习好习惯
让你学习更轻松

明天不会来

　　总是把事情交给明天，这件事将永远做不好，因为明天永远不会到来，它只会以"今天"的形式出现。如果我们浪费了今天的时间，把希望寄托给明天，结果只会让时间一点一点流失，亲手丢掉无数个今天。

　　时间从来不偏私，它不会因为任何事停下脚步，也不会因为任何人而延长。时间很宝贵，一旦过去了，就不可能从头再来。如果我们想要抓住时间，而不被时间甩在后面，唯一的方法就是珍惜时间，合理安排时间。

　　在有限的时间里，发挥无限的可能，我们就能成为最大的赢家哦！

如何珍惜时间

● 善于制订计划：明确自己在某段时间里该做什么事，并坚定不移地完成。

● 排除干扰：想要把握住有限的时间，就必须做到心无旁骛、专心致志地去做一件事。

● 不断提高效率：加快做事的速度，不断提升自己，也是节约时间的好方法。

● 善于利于零碎时间：空闲的时间别用来发呆、玩游戏，看书和做运动都是不错的选择！

名人名言：

世界上最快而又最慢，最长而又最短，最平凡而又最珍贵，最易被忽视而又最令人后悔的就是时间。
——高尔基

只要我们能善用时间,就永远不愁时间不够用。
——歌德

你热爱生命吗？那么别浪费时间，因为时间是组成生命的材料。
——富兰克林

小手举起来

知道老师所问问题的答案,却没有勇气举手回答;
有个问题没有完全理解,却又不知道该不该向老师提问。
毫无疑问,这正是"举手恐慌症"的表现。

一般出现类似情况的同学,多半是因为对自己没自信,或认为举手是件很丢脸的事。

其实举手并没有那么可怕,不懂就要问,知道就要答,这是学习最简单也是最实用的办法。

不要害怕答错问题被其他同学嘲笑,也不要觉得问一些简单的、或奇怪的问题很丢人。能够举起右手,大胆表达自己的想法,提出自己的疑问,实际上就是成功的第一步。

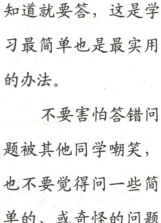

因为举手，你会得到老师更多的关注，能够培养学习的积极性；

因为举手，你总能第一时间把不懂的问题消化成知识，自然比别人学得快；

因为举手，你会更加集中注意力，在课堂上充满活力；

因为举手，你会越来越自信，就连表达能力也日渐增强了。

1. 老师提出问题，如果知道答案，最好第一时间举手，千万不要给自己犹豫的时间。

2. 对于不懂的问题，一定要在当堂课提出来，不要抱着"以后再问"的想法。

3. 对一个问题有自己的看法，等老师讲完课，单独向老师提出来。

4. 老师说了一遍，还是不理解，一定要再次询问，直到自己完全理解。

我怎么那么多问题？

"这道数学题太难了，不会做，还是赶快问老师吧！"

"这个作文题目什么意思，先看看同桌怎么写！"

和患上"举手恐惧症"的同学正好相反，这类同学则是得了"问题繁忙症"。每天、每堂课，脑海中总是有无数问题在闪动，不管是大问题，还是小问题，一定要问清楚才肯罢休。

有时候，老师碰到这类同学，也会感到很头痛呢！因为一堂课不过45分钟，却要花上一半的时间去回答各种问题。其他同学也会抱怨啦！老师可不是他一个人的老师，他怎么能用那么多无聊的问题将老师霸占呢？

好问的精神当然值得表扬，可是在问问题之前，我们应该仔细思考一下，试一试能不能自主解答。如果通过认真思考，能够解决问题，自己也会获得很大的成就感。如果有实在解决不了的问题，再问老师也不迟呀！

解决问题的三个好习惯：

● **学会独立思考，摆脱依赖性。**

遇到问题，第一反应应该是"我能解决吗？"而不是"我应该问谁呢？"问别人一百次，还不如自己独立解决一次来得深刻呢！

● **动手查阅资料和参考书。**

这个问题实在超出自己的认知范围，我可以翻阅一下有关参考书，找到类似的案例，发散思维，举一反三。

● **提出问题，解决问题。**

最后还是解决不了，就一定要问老师或同学啦！问题解决了，并不代表万事大吉。我们要的不是结果，而是从中学到解决问题的方法，下一次遇到类似问题，就能够独立解决啦！

自己都认不出的课堂笔记

快要考试了,王恩恩拿出自己的课堂笔记,准备好好复习一番。可是,她打开笔记一看,顿时懵了。上面的圈圈叉叉究竟代表什么?那些奇怪的箭头又指向哪里?莫名其妙的省略号到底省略了什么?表示重点的符号到底是"★"还是"●"……

翻了不过两页,恩恩就开始怀疑起来:这真的是我亲自做的笔记吗?怎么能混乱到自己都不认得了呢?

凌乱的字迹,莫名其妙的符号,不仅让笔记看起来很不美观,还让自己回过头来看时找不着北。这样的笔记,做和不做又有什么区别呢?

如何做出一目了然的笔记,让自己的笔记变得像教科书一样有条理呢?这不是个难题。

让你的笔记一目了然：

1. 字迹工整、清晰。

不管你的字迹是有型，还是没体，都应该工工整整、一笔一画写下来，字体大小保持一致。千万不要把笔记做得像外星文字一样，搞得自己都不认识哦！

2. 保持干净的页面。

尽量用一种颜色的笔做笔记，尽量不要在笔记上做太多涂改，注意空行和空段。让笔记一目了然，简单易懂。

3. 写上日期和教科书页码。

笔记通常只是重点内容和简写，通常要与教科书结合起来阅读。标上日期和教科书页码，能让自己很快理清头绪。

4. 用一种符号标出重点。

不要添加太多奇怪的图案，弄得自己很混乱。所有的重点都用统一符号标记吧！

5. 不要偷工减料。

笔记一定要做到尽量详细。再好的记忆力也会有疏漏的时候，千万不要用一串又一串的省略号、替代符考验自己的记忆力。

作业完成了吗？

放学回到家的第一件事做什么？

"打开电视，把昨天未看完的动画片看完吧！"

"打开电脑，聊QQ，玩玩游戏吧！"

暑假开始了，最先做什么呢？

"什么也不管啦，把失去的睡眠补回来，每天睡到自然醒！"

"带上好心情去旅游吧！"

那么，作业怎么办呢？等玩够了，到最后再来补吗？

许多同学都选择这样做。总是要等到实在不能再拖了，才

火急火燎地赶作业。这时候才去后悔，为什么一开始不把作业完成呢？看着床不能睡，或看着别人在玩游戏却不能参与，真痛苦呀！如此一来，不仅玩得不过瘾，作业也无法专心做，真是丢了西瓜，也丢了芝麻。

如果我们一开始先自觉地完成作业，然后再带着轻松的心情去玩，是不是会更好呢？这样一来，做作业时我们就不会老担心时间不够而无法安下心来，玩的时候心里也不用老惦记着作业而无法放松啦！

有计划地完成作业

看着堆积如山的作业，是不是感到很头痛呢？别慌乱，也不要急躁，拟出一个完整的计划，分步骤一步一步完成它吧！就像理线团一样，如果你这根线扯一下，那根线拉一下，很快就会把线团胡乱地绞在一起，最后再也解不开了；相反，如果你找准一个线头，按照正确的路径一点一点理清，就能在最短的时间解开啦！

知识真是无处不在

牛顿在一棵树下休息,一只苹果落在他头上,后来他发现了万有引力定律。

瓦特小时候偶然发现水热后壶盖会震动,为他后来发明蒸汽机提供了依据。

魏格纳有一次无意间看世界地图,上面的南美洲突出了一块,正好和非洲的几内亚湾相对应,之后他提出了大陆漂移学说。

每一个震惊世界的发现,都来源于生活。拥有一双善于观察的眼睛,一颗勇于想象的心,就会发现生活中处处有奥妙,知识真是无处不在呢!

我们也许不能成为大发明家,无法通过小小的生活细节得出惊天的理论,但是我们也可以通过观察学到许多书本上学不到的知识,或者在生活中巩固学过的知识哦!

① 王恩恩对苏幼美说："你瞧那个大叔，真是大腹便便，凶神恶煞。"

② 苏幼美对王恩恩说："哎哟，今天的成语课没白上嘛！不过，你很快就要大难临头啦！"

生活是个知识大宝库！

● 厨房就是一个化学实验室，在妈妈的操作下，油盐酱醋和各种食材发生反应，变化成可口的美味。

● 建筑工地就是一个物理演练台、数学加油站，杠杆、滑轮、空间图形……简直就是一本动态百科书。

● 报纸、杂志就是我的语文练习场，生词、阅读、写作……能学到的东西还真不少呢！

和书做朋友

阳光明媚的午后，不知道该做什么，不如捧上一本书，慢慢地品读，顿时会觉得浑身轻松，心情愉悦。

"我喜欢看校园小说，书中的故事情节生动有趣，而且就像在讲我们自己的故事，让我很着迷。"

"我喜欢看侦探推理小说，那些惊险悬疑的故事十分吸引我，每次我都把自己当作小侦探，跟着主人公一起破案。"

"我喜欢看中外名著，这让我学到很多知识，还让我的作文越写越棒。"

只要是积极向上的好书，不妨多读一读吧！读的书越多，脑海中所存储的知识就越多，见识也就越广，自身修养也会跟着提高哦！

读一本好书，就像交了一个益友，收获一份快乐，一份知识。如果读很多书，我们就拥有了很多挚友，那该多么幸福啊！

读书一点通

● 多读好书，如中外名著、儿童文学、知识百科等。

● 拥有自己的图书架，在上面摆上各类书籍，一有空闲就拿上一本读一读。

● 边读边思考，遇到不懂的内容、不会的生字，第一时间询问别人，或查找资料。

● 尝试写读后感。读完一本好书，写下自己的看法和心得，锻炼自己的写作能力。

关于读书的名言：

读书破万卷，下笔如有神。

——杜甫

一个爱读书的人，他必定不至于缺少一个忠实的朋友，一个良好的老师，一个可爱的伴侣，一个温情的安慰者。

——巴罗

去图书馆吧!

"幼美,放学后你要去哪里?"

"图书馆。"

"你前天去了图书馆,昨天也去了图书馆,今天又去图书馆,你的生活真的好无趣啊!"

在同学们的眼里,苏幼美的生活实在太枯燥了,可是幼美自己可不这么认为。因为经常去图书馆的人才知道,图书馆里不只可以看书,还有许多有趣的活动呢!

图书馆的功能非常之多(下页有介绍哦),就算在里面待上一整天都不会觉得闷。图书馆就是知识的游乐园,放学后或周末,邀上几个好朋友,一起去图书馆和知识做游戏吧!

图书馆是个好去处

- **书的海洋**

  图书馆里最多的当然是书啦，我们可以找到任何想看的书籍。如果办一张借阅证，还可以把好书带回家慢慢品读哦！

- **安静的自习室**

  图书馆里有安静的自习室，我们可以在里面做功课、看书，遇到不懂的可以第一时间查资料。

- **电子阅览室**

  图书馆还有电子阅览室，我们可以练习打字，查看新闻，观看各种学习视频。

- **丰富多彩的活动**

  图书馆经常会举办读书讲座、手工制作、知识竞赛等活动，可以丰富我们的课余生活。

- 各种培训班

  图书馆还开设了各种培训班，我们可以根据自己的实际情况和喜好参与进来哦！

我的梦想是……

今天,语文老师布置的作文题目是《我的梦想》。老师、医生、科学家……这些梦想实在太普通,一点新意也没有,我该写一个怎样的梦想呢?

梦想只是交给老师的一篇作文吗?只是为了获得赞扬的一种假想吗?如果我们对梦想的理解是这样,这只能说明,我们还不曾拥有梦想。

梦想不是说说而已,而是我们内心真正想成就的,并愿意为此付出努力的想法。找准自己的梦想,并把实现梦想作为目标,执着地前进。每当想要放弃时,提醒自己坚持下去。把为梦想努力奋斗当成一种习惯,这才是真正有意义的梦想。

① 妈妈问恩恩："恩恩，你长大后的理想是什么呀？"
恩恩说："我长大了要当空乘人员。"

② 妈妈高兴地说："嗯！不错，有志向！能说说原因吗？"
恩恩说："因为以后搭飞机就不要买票啦！"

我为梦想起航啦！

苏幼美："我长大了想当画家，所以我参加了美术培训班，每天练习画画，有朝一日，我一定会实现梦想的。"

金婉儿："我的梦想是成为老师，从现在开始，我应该要好好学习，时刻注意自己的一言一行，为成为一名合格、优秀的老师打基础。"

写一手漂亮的字

苏幼美的字写得非常工整、漂亮，老师经常把她的作业当作范本，在同学们之间传阅。上个星期，苏幼美的书法作品还被贴在学校的宣传栏里，供全校的学生参观呢！拥有一手好字，真让人羡慕啊！

老师常教导我们：一个人的字就相当于他的脸面，拥有一手好字，能给自己增添许多光彩；相反，字写得不好，会令自己的形象大打折扣呢！

看看下面的两组字迹，哪一组让人眼前一亮，哪一组又让人看了直摇头呢？你希望拥有怎样的字体呢？

再也不想听到人家说："挺可爱的小姑娘，为什么字迹这样难看呢？"也不想被别人比较："你瞧瞧×××，她的字写得多漂亮啊，好好学学！"那么，从现在开始，练就一手漂亮的字体吧！

漂亮的字体这样练成：

- 刚开始练字时，一定要慢慢写，不要急躁。如果写得太快，字迹会很潦草哦。

- 少用圆珠笔练字。圆珠笔太过顺滑，虽然能加快写字速度，但不如铅笔、钢笔好把握，很难练出属于自己的字形。

- 尽量保持字迹工整。尽量选择分行或有格的笔记本练字，让字迹处于同一水平线上，让每一个字大小相似。

- 多练一些字帖。一天两天不可能练好字，练字是一个长期锻炼的过程，买一些正楷体字帖，每天勤加练习，总有一天我们会练出属于自己的个性字体。

网络很可怕吗?

最近,王恩恩迷上了网络。每天放学一回到家里,她便急匆匆跑进书房,打开电脑玩起来,一直到妈妈催促她写作业,她才依依不舍地关掉电脑。

"王恩恩,瞧你的成绩又下滑了,以后少上点网。"

被爸爸警告后,王恩恩稍微收敛了一些。可是趁爸爸妈妈不在家的时候,王恩恩还是会忍不住偷偷打开电脑。

网络上究竟有什么神奇的东西,让很多人像王恩恩一样沉迷其中呢?

聊天、微博、论坛、各种网络游戏等,就像一个食物大拼盘,任何有营养的没营养的、有意义的没意义的信息,都不经过滤地闯进我们的视线和心灵。如果抵挡不住它们的诱惑,

我们很容易沉迷于网络，变得不爱学习，甚至不愿意和外界打交道。

可这并不是网络的错呀，是我们的鉴别能力出了问题，我们的控制力还不够强。如果我们懂得筛选，有抵抗网络垃圾的能力，就能让网络为我们所用，而不被它牵着鼻子走。

怎样和网络相处？

1. 一天上网的时间尽量不要超过1个小时。最好给自己设定闹钟，或让家人监督自己。

2. 休闲时选择益智类游戏，锻炼脑力和思维，远离毫无营养的网游。

3. 加入学校论坛、读书俱乐部等有意义的网络社区，和伙伴们一起讨论学习、爱好和各种趣事。

4. 不要结识陌生的网友，更不要在他们的带动下，浏览各种奇怪的网站，玩一些不适合自身年龄的游戏。

网络不是恶魔，如果我们善于利用它，它会成为我们忠实的益友，帮我们解决许多生活上和学习上的难题哦！

第5章

语言好习惯 让大家都喜欢你

每一句话都应该礼貌

"喂！你叫什么名字？"

"嘿！把你的铅笔借我。"

"那个谁！你踩到我了。"

你遇到过喜欢这样讲话的人吗？当他们用这样的语气对你说话时，你的感觉怎么样？是不是觉得他很不友好，很没礼貌？下一次，你还愿意和这样的人打交道吗？

说话没礼貌，很容易让人反感，在别人心目中的印象必定会大打折扣。即使你的内心很善良，并没有坏心眼，可是如果嘴里说出来的话很不中听，也会给人很不友好的感觉。这样的你，很难在很短的时间交到朋友，更别说拥有无敌好人缘啦！

会说话，并不一定要说漂亮话，说奉承话，说不着边际的大话。学一些礼貌用语，学会真诚的微笑，一定会让你增色不少哦！

这些话你都会说吗？

你好，请问你叫什么名字？

我能借用一下你的铅笔吗？

不好意思，打扰一下……

对不起，让你久等了。

早上好……

谢谢你！

你好，请您帮我拿一盒牛奶。

你好，请问我能坐在这儿吗？

没关系，你又不是故意的。

不好意思，你能再说一遍吗？

把爱说出来

"爸爸，您辛苦了！"

"妈妈，我爱您！"

"爸爸加油，我永远支持您！"

你经常对爸爸妈妈说这些话吗？如果不常说，甚至没说过，是不是觉得说这些话很难为情，实在没办法说出口呢？

爸爸妈妈是我们最亲近的人，他们养育了我们，给我们最多的关爱和照顾，而且从来都不求回报。现在我们还小，唯一能做的，就是给他们满满的爱。

有爱就大声说出来吧！有爱就让爸爸妈妈感受到吧！直接地表达感谢和爱意，是我们和家人最好的交流方式，它能让我们的家庭充满温暖和感激。

今天是妈妈的生日，我要亲手为她做一份美味的料理，给她一个惊喜！

将表达爱意当成习惯吧!

经常对爸爸妈妈说"我爱你们";

每天记得向他们道"早安"和"晚安";

当他们面对工作压力时,对他们说"加油";

爸爸妈妈下班回到家,对他们说"辛苦了"。

有这样一个贴心懂事的好女儿,爸爸妈妈一定会感到非常幸福的。

你过生日的时候,爸爸妈妈会给你准备美味的大蛋糕,送你最喜欢的礼物。那么,你知道爸爸妈妈的生日是哪一天吗?记得在这一天,为爸爸或妈妈准备一份小礼物哦!

我的标准普通话

演讲比赛上,王恩恩自信地走上讲台,开始演讲:

"老思(师)们好,同学们好,我演讲的题目四(是)《游黄三(山)》……我们登上了男厕(缆车),一开死(始),我很害怕……"

短短的四分钟,台下的笑声此起彼伏,王恩恩却一头雾水,心想:我的演讲很幽默吗?为什么大家笑得这么开心呢?殊不知是自己的普通话实在太烂,这才引来一阵阵哄笑声。

如今,普通话已深入到我们的学习和生活中,无论在什么地方,普通话都在我们耳边回荡着。会说普通话,我们才能更好地学习,更方便与别人交流和沟通。

如果你还说一口方言式的普通话,自然很容易笑话百出,更不利于自信心的培养啦!

我要说好普通话!

- 每天用普通话大声朗读1小时,速度适中,注意每个字的发音。
- 朗读或背诵课文时,尽量不要用方言,而要使用正常的语速和普通话。
- 上课时,用普通话回答老师提出的问题。
- 练习说绕口令,由易到难,由慢到快。
- 同学之间经常练习用普通话对话。
- 特别注意容易读错的字或词,如卷舌音、鼻音等。

> 会说一口流利标准的普通话,能提升自身的气质,给别人留下深刻印象哦!而且,我们也会从中获得更多自信,变得更加乐观向上呢!

我口齿清晰吗?

"你说什么,能再说一遍吗?"

"你怎么不说清楚一点,我差点就弄错了。"

说话口齿不清,会给生活和学习带来很多不便:让听的人感到吃力,说出的话不被理解,甚至屡屡被别人误会……这样一来,在给别人造成困扰的同时,也让自己越来越自卑,越来越羞于表达,最后越来越无法清楚地表达一件事。

为什么别人能把一件事表达得十分清晰,我却无法说清楚呢?为什么我的大脑明明有清晰的思路,一转化成语言就变得不利落呢?难道是我的语言功能出了障碍?

不!千万不要这样否定自己。口齿不清晰并不是绝症,只要我们勤加练习,把握说话的诀窍,一样可以做到口齿流利、有条理哦!

让人说话清晰的方法：

——一字一句说清楚

说话不要太快、太急，放慢自己的语速，将一句话表达清楚。

——经常练习朗读

大声朗读课文，并用录音机录下来，找出自己发音不正确、不清楚的地方，反复练习。

——充满自信

一个人没有自信，说话容易吞吞吐吐、含糊不清。不管和谁说话，都要保持冷静和自信，这样才能准确无误地表达想说的话。

名人小故事

古希腊有一位叫德摩西尼的人，他说话总是含糊不清，常常被人耻笑。为了校正发音，他将鹅卵石放进嘴巴里，对着大海练习朗诵。经过刻苦练习，他不仅克服了说话含糊的毛病，还成为了著名的演讲家。

告别啰唆

"幼美,告诉你一件事哦!我昨天在街上碰到了一个人,他穿着红色的运动服,手里拿着一个篮球……"

"恩恩,你到底要说什么?"

一旁的李小雨实在看不下去了,忍不住插嘴道:

"她就是想告诉你,我们的班主任加入市教师篮球队啦!"

王恩恩说了半天,苏幼美也没弄清楚她要说什么,而李小雨一句话就说清了整件事。比起啰啰唆唆说一大通却不知所云,一语中的是不是更容易找到知音呢?

说话太啰唆,不仅让对方很难找着重点,还很容易让他失去耐心。如果我们说了老半天,发现对方早已经

走神,根本没在认真听,千万不要埋怨他,而是应该反省自己,是不是应该换一种说话方式啦!

对了,这种说话方式就是简洁明了地表达要说的内容。如果我们能做到这一点,就能在有限的时间内传达更多的信息,还能让对方跟着我们的思绪走哦!

如何做到言语简洁

- 在表达一件事之前,先理清自己的思路,不要张口就说,说到中途自己都不知道自己在说什么了。
- 分好主次顺序,省略不该说的话,重点突出应该说的话。话的开头,可以先用一句话概说,再进行详细阐述。
- 对话中,不要只顾着自己说,不给别人说话的机会,适当的时候留些空隙给对方,让一个人说变成两个人交流。
- 多读书,多掌握知识,丰富自己的头脑。这样就能准确用词,说话有逻辑性啦!

说话不要只说一半啦！

"幼美，你猜班主任刚刚跟我说了什么？"王恩恩一脸神秘地凑到苏幼美身边。

苏幼美一听，万分好奇地竖起耳朵，问道："她说了什么？"

"咯咯！"王恩恩坏笑了两声，摆摆手回答道，"算了，你还是不要知道比较好。"

顿时，苏幼美气得说不出话来。

王恩恩老是喜欢这样，说话说一半，把人家的胃口吊得高高的，然后又突然止住。看着对方因为太过好奇而急切的表情，王恩恩好像觉得特别有趣。

一般来说，听

到别人说话说一半，就好像闻到美食的香味，却怎么也吃不到，这种感觉是特别难受的。虽然说话的人会从中获得乐趣，可是听的人会因此觉得遭到戏弄，或是不被信任，不被尊重。当大家认清事实后，谁还愿意静下心来认真听这个人说话呢？

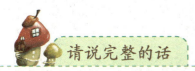

请说完整的话

● 在讲述一件事之前，先想清楚自己是不是真心愿意告诉对方。如果觉得有什么不妥，最好一个字也不要透露。

● 朋友之间可以以开玩笑的方式吊胃口，但最后一定要讲完整，不然即使是玩笑也会让对方觉得反感。

● 说话之前先在脑子里整理一遍，不要说了一大堆奇怪的话，发现自己讲不清了，就选择中途放弃，草草收尾。

不要习惯性说谎

"**我**刚刚得到一个消息,明天放假一天!"

王恩恩从教室外头跑进来,一脸兴奋地向大家宣告这个"好消息"。

"真的吗?"一旁的周乐惊喜地问道。

这时,苏幼美一脸淡定地说:"恩恩的话要是能信,母猪都能上树了。"

大家一边笑一边点头表示赞同,然后就各自散开了,留下王恩恩一人在原地哑口无言。王恩恩可是班上公认的谎话精,从她嘴巴里讲出来的话十句有九句有待考证。时间一长，大家自然会带着半分怀疑的心态去听王恩恩说话，或者干脆将她说的话过滤掉啦！

经常说谎话，说谎就会渐渐变成一种很难改掉的习惯，即使常常提醒自己不要说谎，也会不能控制地冒出一两句谎话。习惯性说谎的人会让人觉得不真诚，不值得被信任，甚至被认为是不可靠的朋友，因为没有人愿意去信赖一个谎话连篇的人。

改掉爱说谎的坏毛病

每次想要说谎时，先留给自己10秒钟的时间想一想，有没有比说谎更好的解决方法。

想象力可以用于写作文，但绝不能拿来编故事欺骗别人。

千万不要认为自己的小聪明可以瞒天过海，记住：世界上没有不透风的墙，是谎言就总有被揭穿的一天。

别为了有趣而撒谎，快活和乐趣只是一时的，变得不被信任却是长久的。

我是插嘴女王吗？

你会习惯性地插入别人的谈话吗？

你会在别人发表意见时冷不丁插进自己的看法吗？

你对大人们的谈话也有浓厚兴趣，想要插一嘴吗？

如果你的回答是："是！是！是！"那么，真糟糕，你将被封为当之无愧的"插嘴女王"。

一个爱插嘴的女生一定具有很强的表现欲，她总是迫不及待地想要表现自己，希望通过这种方式让大家将关注的目光放在她

> 照我说，应该是……

身上。可事实上，这样不顾他人感受地插嘴是一种很不礼貌的行为。不分场合、不分时机地插嘴，不仅会打断别人的思路，让对方产生厌恶的情绪，还可能造成不必要的误会呢！

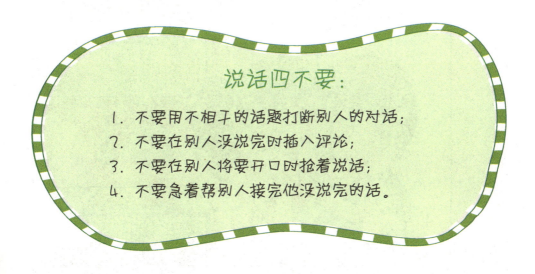

说话四不要：
1. 不要用不相干的话题打断别人的对话；
2. 不要在别人没说完时插入评论；
3. 不要在别人将要开口时抢着说话；
4. 不要急着帮别人接完他没说完的话。

当我们想要介入别人的谈话，或者想要发表自己的意见时，一定要等别人说完，或是中途停顿时才行哦！而且，插入的话一定要简洁、清晰、不带批判性，这样对方才能默许我们加入谈话，而不会感到反感哦！

把"谢谢"挂嘴边

妈妈为我准备丰盛的饭菜,对她说一声"谢谢";

爸爸为了让我生活得更好每天辛苦工作,对他说一声"谢谢";

好朋友每天与我形影不离,在我难过时陪在我身边,对她说一声"谢谢";

商店阿姨面带微笑地为我们提供服务,对她说一声"谢谢";

陌生人为迷路的我指明方向,也对他说一声"谢谢"。

一个简单的"谢谢",胜过千言万语,它代表着爱,代表着尊重，也代表着感恩，它让被感谢的人感到温暖和被尊重，也让说感谢的人体会到快乐。

把"谢谢"常挂在嘴边，感谢每一个帮助过自己的人，感谢每一张真诚的笑脸，甚至感谢每一个风和日丽的好天气……把感谢当成一种习惯，感染身边的每一个人，我们生活的世界将充满欢乐和友爱哦！

说"谢谢"很容易，但不能太随意哦！

说"谢谢"时面带微笑。
音量适中，不能太大也不能太小。
请直视对方的眼睛。
当别人说"不客气"时，请礼貌地给予回应。

常说"谢谢"不仅是一种礼貌，也是一种智慧哦！它让我们发现生活中许多美好的事，让我们的心胸变得越来越开阔；它让我们得到更多人的认可和理解，让我们拥有越来越多的朋友。

倾听很重要

"幼美，你刚刚说什么？"

苏幼美兴致勃勃地说了一大通，结果王恩恩一句话也没听进去，真不知道她的脑袋瓜里在想什么。

见到王恩恩这个样子，苏幼美只好吐了吐舌头，识趣地闭上嘴巴走开了。

对方说了一件她认为很重要的事，希望得到你的倾听，结果你却心不在焉，甚至一副爱理不理的样子，是不是很让人扫兴呢？下一次当你对别人说什么事，还能得到专注的倾听吗？

比起能说会道的人，懂得倾听、善于倾听的人更受欢迎。因为倾听会让对方感觉受到重视、认可和尊重，能让整个谈话的氛围轻松而和谐。

我们该如何倾听呢？

1. 面带微笑，不要摆出一副不耐烦的样子。

2. 看着对方的眼睛，让对方感觉到你在认真听他说话。

3. 不时地点头，用"是的""你说得对""还有呢"等语言来表示自己在认真倾听。

4. 如果对对方的话题不是很感兴趣，转移话题时一定要委婉，不要让对方觉得你根本不想听他说话。

关于倾听的名言

上帝给了我们两只耳朵，却只给了我们一张嘴，是为了让我们少说多听。

——英格兰谚语

只愿说而不愿听，是贪婪的一种形式。

——德谟克利特

倾听的耳朵是虔诚的，倾听的心灵是敏感的。有了倾听的耳朵和愿意倾听的心，你才会拥有忠实的朋友。

——佚名

我不是毒舌妹

"你可真笨,这么简单的题目都会算错!"

"你出门前没照镜子吗?这身衣服真是要多难看,有多难看。"

"别再吃啦,再吃你就肥得像个球啦!"

虽然没有什么坏心眼,说出来的话总是不中听,让身边的人很难堪,心情也变得一团糟。如果你说出来的话总像刀子一样尖锐,即使你的心真像豆腐一样软,也会让人感觉很讨厌。如果我们换作对方,总是听到"你真笨""你好丑""你连这个都不知道"这类的话,是不是心情也会变得很不好呢?

所以,我们在准备说一些难听的话时,一定要尽量忍住,不

要什么话都脱口而出哦!

当我们一句话脱口而出时,看到对方脸上的表情变得很难看,应该立即做出调整,或对自己的鲁莽表示歉意。下一次说话时,千万要注意,不要再犯类似的错误啦!

我不是毒舌妹!

1. 不要随便否定别人。
2. 即使是非常中肯的意见,也不要用太犀利的词语。
3. 不要话语中带嘲讽。
4. 不要评论别人的缺点或缺陷。
5. 不要拿别人的失误或缺陷开玩笑。

特别是对不太熟的人说话时,更要注意分寸,不要什么话都说。因为对方还不太了解你,无法体谅你的有口无心,很容易将你无心的伤害当真。